JN223600

日本農業技術検定協会　**まえがき**

日本農業技術検定は、農業高校、農業大学校、大学の農業系の学部・学科などで学ぶ生徒や学生、就農準備校・農業法人で新規就農や独立就農をめざす実習生、JA職員などを対象として農業の知識・技能の修得水準を客観的に評価する目的で平成19年に創設されたものです。令和５年度までに全国で累計約36万人が受験しています。

検定の種類は、①農作業の意味が理解できる基礎的レベルである３級から、②農作業の栽培管理等が可能な基本レベルの２級、③農業の高度な知識・技術を修得している実践レベルの１級まであります。３級は学科試験のみで、２級・１級には学科試験と実技試験がありますが、実技試験には営農経験や学校での農場実習の実績等があれば免除される仕組みになっています。３級検定は主に農業高校生や新規就農研修生が受験者になっており、２級検定は農業大学校生や農学系大学生、JA関係者が受験者となっています。１級検定は２級合格者のうち、さらに専門的な知識の修得や農業指導をめざす方が受験しています。

現在、日本の農業は、農業従事者の減少・高齢化の進行、耕作放棄地の増大、人口減少に伴う国内マーケットの縮小、グローバル化の一層の進展、地球温暖化により頻発する自然災害や新型コロナウイルス感染症の発生など多くの課題に直面しています。

このため、農業経営に必要な生産条件や基盤強化に加えて、生産・経営技術の修得による幅広い農業人材の育成が重要な課題となっています。

日本農業技術検定２級試験は、農業の基礎的な学習を終えた３級のレベルから、農作業の栽培管理ができるレベルの検定試験であり、農業高等学校教科書に記載されていないことも実際の農作業に必要なことは出題されます。しかも、選択科目が６科目（３級は４科目）に細分・専門化して、選択科目の出題数が40問（３級は20問）に増えるだけでなく、解答の選択肢も５択方式（３級は４択方式）となり、合格基準点も７割水準（３級は６割水準）となることから、検定の難易度が３級試験と比べてかなり上がります。

これまでも２級検定向けにはテキストがありましたが、平成26年に発行したものであり時間の経過がありました。そこで、このたび、実際に出題された２級試験問題も反映しながら受験者の学習の参考に役立つように、新たに２級テキストの改訂新版をⅠ部（作物・野菜）とⅡ部（花き・果樹・畜産・食品）の２部構成で発行することといたしました。

本テキストと農業関係の専門書および別版の２級過去問題集とあわせて学習をされて、合格されることを期待しております。

令和６年６月

日本農業技術検定協会 会長　國 井 正 幸

全国農業高等学校長協会　**まえがき**

日本農業技術検定は、「農業高校、農業大学校、大学の農業系の学部・学科などで学ぶ生徒・学生や、就農準備校で学ぶ人たち、農業法人等で新規就農や独立就農をめざす研修生・農業後継者などに対して農業についての知識・技能の水準を客観的に評価する」目的で、平成19年に創設されました。近年の受験者は毎年２万人を超え、令和３年度は過去最高となる27,112人になるなど、これまでの受験者累計は36万人に達しています。このことは、国民の農業に対する興味・関心や農業に関する知識・技術の水準を証明する資格・検定のニーズが高まっていることの表れであるといえます。

検定の階級は、農業の高度な知識・技術を習得している実践レベルの１級から農業の各種作業が理解できる入門レベルの３級まであります。この検定試験の合格によって、学んできた農業に関する知識・技術がどの程度身に付いているかを客観的に把握することができるとともに、進学や就職の際に役立てることができます。

本検定は、全国農業高等学校長協会が推進している「アグリマイスター顕彰制度」の中でも高い点数を付して評価しています。制度開始から数多くの農業高校生が「アグリマイスター・プラチナ」や「アグリマイスター・ゴールド」「アグリマイスター・シルバー」を取得し、多くが本検定の２級や３級を取得しています。農業高校からの１級合格者も出始めています。

農業学習を通して培うことができる資質・能力のうち、知識・技術の理解度や習得状況を測る客観的な指標として重要な位置づけとなっています。また、これからの農業教育の「質の保証」としての活用も大きく期待されています。加えて、社会人の方々にとりましても、身につけている農業に関する知識・技術の証明だけではなく、就農・就職の一助となります。

現在、日本農業は多くの課題に直面していているのは事実です。しかし、農業は生命、食料、エネルギー、環境に直接かかわる産業であり、今後も、わが国にとって重要な産業の一つであることに間違いはありません。世界人口が80億4,500万人（2023年）である現在、世界中の人々に食料を供給し、命を育み続ける産業としての農業はますます重要性が高まっています。また、わが国の高品質で付加価値の高い農産物は、各国の市場においても高評価を得ており、わが国の高い農業技術力に期待が高まるとともに、農産物の安全・安心を保証するGAP等の認証取得が推進されています。そのためにも、日本の農業を成長発展させ、安全で安心な食料の供給や地球規模の食料問題、持続可能な食料システムの構築、SDGsや環境を重視した農業、脱炭素化などのエネルギー問題等を解決していく人材が求められています。こうしたことからも、本検定は、皆様の農業に関する知識の定着を図り、技術を高める一助となるものと確信しております。

このテキストは、日本農業技術検定２級の合格をめざす皆様にとって役立つ学習書として推薦いたします。２級合格を果たした後は、さらに１級をめざし、わが国や世界の農業をリードする人材になって頂きますよう期待いたします。

令和６年６月

全国農業高等学校長協会 理事長　吉 野 剛 文

日本農業技術検定ガイド

1．検定の概要

日本農業技術検定とは？

日本農業技術検定は、わが国の農業現場への新規就農のほか、農業系大学への進学、農業法人や関連企業等への就業を目指す学生や社会人を対象として、農業知識や技術の修得水準を客観的に把握し、教育研修の効果を高めることを目的とした農業専門の全国統一の試験制度です。毎年、申請手続きを経て、農林水産省・文部科学省の後援も受けています。

合格のメリットは？

合格者には農業大学校や農業系大学への推薦入学で有利になったり、受験料の減免などもあります！また、新規就農希望者にとっては、農業法人への就農の際のアピール・ポイントとして活用できます。JAなど社会人として農業関連分野で働いている方も資質向上のために受験しています。大学生にとっては就職にあたりキャリアアップの証明になります。海外農業研修への参加を考えている場合にも、日本農業技術検定を取得していると、筆記試験が免除となる場合があります。

試験の日程は？

毎年度に２回の検定試験を実施しています。試験日は、第１回試験は７月上旬、第２回試験は12月上旬のそれぞれ土曜日に設定しています。第１回の申込受付期間は４月下旬から６月初旬、第２回は10月初旬から11月初旬となります。具体的な試験日、申込受付期間は日本農業技術検定試験ホームページでご確認ください。

※１級試験は第２回（12月）試験のみ実施。

具体的な試験内容は？

1級･2級･3級の試験内容をご紹介します。試験内容を確認して過去問題を勉強し、十分に準備をして試験に挑みましょう！

等級	1級	2級	3級
想定レベル	農業の高度な知識・技術を修得している実践レベル	**農作物の栽培管理等が可能な基本レベル**	農作業の意味が理解できる入門レベル
試験方法	学科試験＋実技試験	**学科試験＋実技試験**	学科試験のみ
学科受検資格	特になし	**特になし**	特になし
学科試験 出題範囲	共通：農業一般 ＋ 選択：作物、野菜、花き、果樹、畜産、食品から1科目選択	**共通：農業一般 ＋ 選択：作物、野菜、花き、果樹、畜産、食品から1科目選択**	共通：農業一般 ＋ 選択：栽培系、畜産系、食品系、環境系から1科目選択
学科試験 問題数	学科60問 （共通20問、選択40問）	**学科50問 （共通10問、選択40問）**	50問 （共通30問、選択20問） 環境系の選択20問のうち10問は3分野（造園、農業土木、林業）から1つを選択
学科試験 回答方式	マークシート方式 （5者択一）	**マークシート方式 （5者択一）**	マークシート方式 （4者択一）
学科試験 試験時間	90分	**60分**	40分
学科試験 合格目標	120点満点中 原則70％以上	**100点満点中 原則70％以上**	100点満点中 原則60％以上
実技試験 受検資格	受験資格あり ※1	**受験資格あり ※2**	—
実技試験 出題範囲	専門科目から1科目選択する生産要素記述試験（ペーパーテスト）を実施（免除制度あり）	**乗用トラクタ、歩行型トラクタ、刈払機、背負い式防除機から2機種を選択し、ほ場での実地研修試験（免除制度あり）**	

※1　1級の学科試験合格者。2年以上の就農経験を有する者または検定協会が定める事項に適合する者（JA営農指導員、普及指導員、大学等付属農場の技術職員、農学系大学生等で農場実習など4単位以上を取得してしている場合）は実技試験免除制度があります（詳しくは、日本農業技術検定試験ホームページをご確認ください）。

※2　2級の学科試験合格者。1年以上の就農経験を有する者または農業高校、農業大学校など2級実技水準に相当する内容を授業などで受講した者、JA営農指導員、普及指導員、大学等付属農場の技術職員、学校等が主催する任意の講習会を受講した者は2級実技の免除規定が適用されます。

申し込みから受験までの流れ

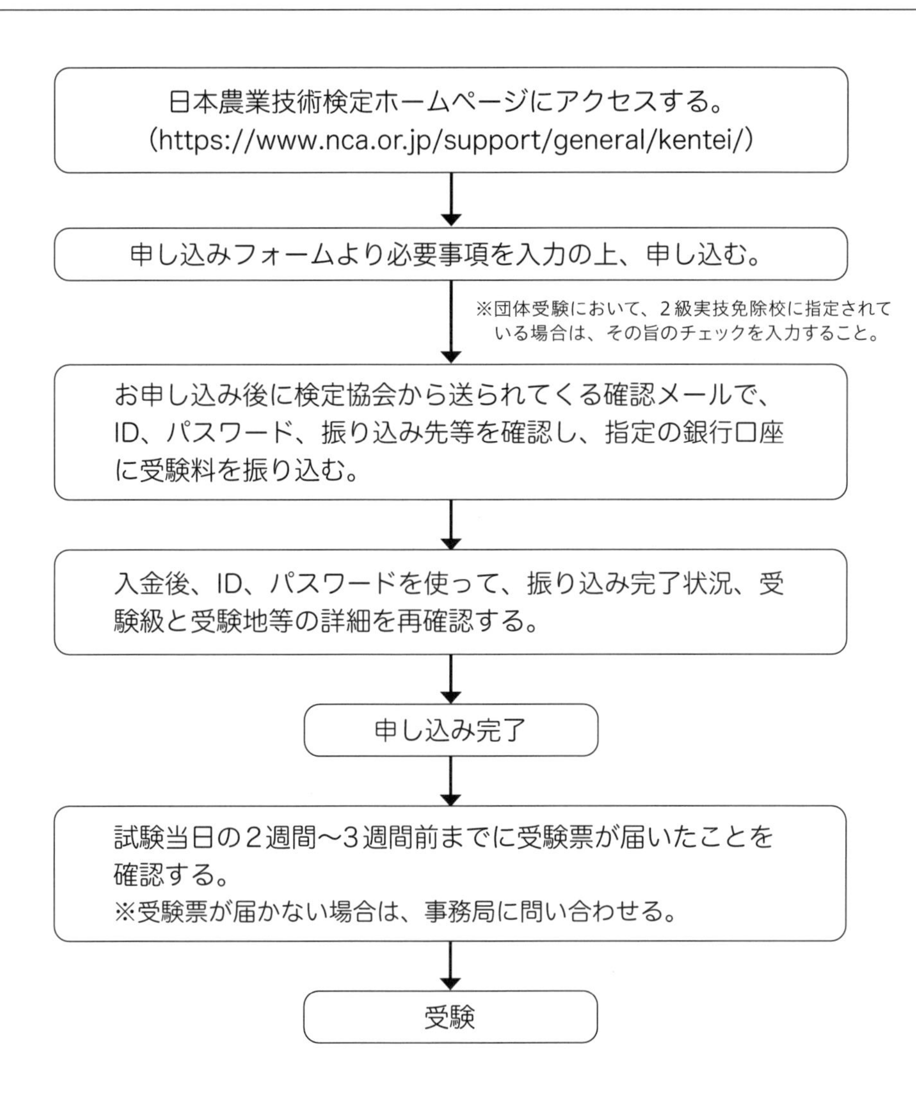

※試験結果通知は試験日から約１か月後です。
※詳しい申し込み方法は日本農業技術検定のホームページからご確認ください。
※ホームページからの申し込みを受け付けています。インターネット環境がない方のためにFAX、郵送でも受け付けています。詳しくは検定協会にお問い合わせください。
※１・２級実技試験の内容やお申し込み、実技試験免除手続き等については、ホームページでご確認ください。

◆お問い合わせ先◆
日本農業技術検定協会（事務局：一般社団法人全国農業会議所）
〒102-0084 東京都千代田区二番町9-8　中央労働基準協会ビル
TEL:03(6910)1126　E-mail:kentei@nca.or.jp

2．試験の傾向と勉強の方法（傾向と対策）

2級試験の概要

2級試験は、すでに農業や食品産業などの関連分野に携わっている者やある程度の農業についての技術や技能を修得している者を対象とし、3級よりもさらに応用的な専門知識、技術や技能（農作業の栽培管理が可能な基本レベル）について評価します。農業や食品産業などは、ものづくりであるため、実務の基本について経験を通して習い覚えることが大切です。つまり、2級試験では知識だけでなく、実際の栽培技術や食品製造技術などについても求められます。選択科目は6科目（作物・野菜・花き・果樹・畜産・食品）に分かれます。

勉強のポイント

（1）専門的な技術や知識・理論を十分に理解

農業に関係する技術は、気候や環境などの違いによる地域性や栽培方法の多様性などがみられることが技術自体の特殊性ですが、この試験は、全国的な視点から共通することが出題されます。このため、専門分野について基本的な技術や理論を十分に理解することがポイントです。

（2）専門分野をより深める

2級試験は、共通問題10問、選択科目40問の合計50問です（2019年度より変更）。共通問題の出題領域は、農業機械・施設、流通、農業経営、農業政策からです。選択科目は、作物、野菜、花き、果樹、畜産、食品の各専門分野から出題されます。

共通問題が少ないため、自身の専門分野をより深めて広げることがポイントです。選択科目ごとに動植物の生育の特性、分類、栽培管理、病害虫の種類などを理解しましょう。

（3）専門用語について十分に理解する

技術や技能を学び、実践する時には専門用語の理解度が求められます。自身の専門分野の専門用語について十分に理解することがポイントです。出題領域表（本検定HPで公表）にはキーワードを例示していますので、その意味をしっかり理解しましょう。

（4）農作物づくりの技術や技能を理解し学ぶ

実際の栽培技術・飼育技術・加工技術などについての知識や体験をもとに、理解力や判断力が求められます。適切な知識に基づく的確な判断は、良い農産物・安全で安心な食品づくりにつながります。このため、農作業の栽培管理に必要な知識や技術、例えば、動植物の生育特性、作業の種類、病害虫対策の内容、機械器具の選択、更には当該作物等をめぐる経営環境などを学ぶことがポイントです。

日本農業技術検定の受験実績（平成19～令和５年度）

1. 受験者数の推移

	１級	２級	３級	計	前年度比
平成19年度	—	—	8,630人	8,630人	—
20年度	—	2,412人	10,558人	12,970人	150.3%
21年度	131人	2,656人	13,786人	16,573人	127.8%
22年度	180人	3,142人	14,876人	18,198人	109.8%
23年度	244人	3,554人	16,152人	19,950人	109.6%
24年度	255人	4,037人	17,032人	21,324人	106.9%
25年度	293人	3,859人	18,405人	22,557人	105.8%
26年度	258人	4,104人	18,411人	22,773人	101.0%
27年度	245人	4,949人	18,926人	24,120人	105.9%
28年度	308人	5,350人	20,183人	25,841人	107.1%
29年度	277人	5,743人	20,681人	26,701人	103.3%
30年度	247人	5,365人	20,521人	26,133人	97.9%
令和元年度	266人	5,311人	19,992人	25,569人	97.8%
２年度※	206人	3,015人	18,790人	22,011人	86.1%
３年度	265人	5,908人	20,939人	27,112人	123.2%
４年度	243人	5,024人	17,932人	23,199人	85.6%
５年度	261人	4,447人	17,753人	22,281人	96.0%
			累計	365,942人	

※令和２年度は12月のみ実施（７月検定は中止）。

2. 合格率の推移

	１級	２級	３級	計
平成19年度	—	—	56.7%	56.7%
20年度	—	19.2%	51.4%	45.4%
21年度	9.2%	17.9%	52.3%	46.5%
22年度	10.6%	29.4%	61.7%	55.6%
23年度	8.2%	24.1%	54.1%	48.2%
24年度	19.6%	20.1%	56.6%	49.3%
25年度	5.1%	22.0%	61.6%	54.1%
26年度	8.5%	23.3%	67.2%	58.7%
27年度	10.6%	21.1%	68.1%	57.9%
28年度	8.4%	18.5%	62.2%	52.5%
29年度	5.8%	18.1%	56.0%	47.3%
30年度	8.5%	19.6%	61.4%	52.3%
令和元年度	7.5%	22.8%	59.1%	51.0%
２年度	7.3%	20.9%	66.0%	59.3%
３年度	5.3%	23.3%	66.4%	56.4%
４年度	13.2%	21.7%	62.9%	55.3%
５年度	9.6%	23.3%	65.7%	55.3%

3. 令和５年度の受験者内訳

３級学科試験／２回計		学校数	受験者数	合格者数	合格率
・一般受験者		—	1,130人	933人	82.6%
・団体受験	農業高校	445	14,701人	9,204人	62.6%
	専門学校	19	196人	158人	80.6%
	農業大学校	57	449人	332人	73.9%
	短期大学	4	50人	45人	90.0%
	四年制大学	20	235人	216人	91.9%
	その他	62	812人	662人	81.5%
合計		607	17,573人	11,550人	65.7%

2級学科試験／2回計		学校数	受験者数	合格者数	合格率
・一般受験者		—	351人	147人	41.9%
・団体受験	農業高校	267	1,893人	335人	17.7%
	専門学校	17	125人	41人	32.8%
	農業大学校	66	1,030人	195人	18.9%
	短期大学	4	32人	5人	15.6%
	四年制大学	28	526人	183人	34.8%
	その他	50	490人	132人	26.9%
合計		432	4,447人	1,038人	23.3%

1級学科試験		学校数	受験者数	合格者数	合格率
・一般受験者		—	68人	12人	17.6%
・団体受験	農業高校	11	26人	2人	7.7%
	専門学校	4	12人	1人	8.3%
	農業大学校	18	59人	7人	11.9%
	短期大学	1	1人	0人	0.0%
	四年制大学	14	65人	1人	1.5%
	その他	9	30人	2人	6.7%
合計		57	261人	25人	9.6%

4. 令和5年度の科目別実績

級	科目		受験者数	合格者数	合格率
3級	栽培系		10,987人	7,394人	67.3%
	畜産系		2,333人	1,606人	68.8%
	食品系		3,151人	1,860人	59.0%
	環境系		1,102人	690人	62.6%
		造園	586人	365人	62.3%
		農業土木	181人	102人	56.4%
		林業	335人	223人	66.6%
	小計		17,573人	11,550人	65.7%
2級	作物		705人	151人	21.4%
	野菜		1,659人	384人	23.1%
	花き		417人	101人	24.2%
	果樹		575人	131人	22.8%
	畜産		728人	191人	26.2%
	食品		363人	80人	22.0%
	小計		4,447人	1,038人	23.3%
1級	作物		46人	6人	13.0%
	野菜		110人	12人	10.9%
	花き		32人	2人	6.3%
	果樹		38人	1人	2.6%
	畜産		27人	3人	11.1%
	食品		8人	1人	12.5%
	小計		261人	25人	9.6%
合計			22,281人	12,613人	56.6%

目　次

第1章　農業政策・農業経営

第2章　農業基礎

第3章　作　物

第4章　野　菜

第1章　農業政策・農業経営

1. 食料の安定供給の確保

(1) 食料・農業・農村基本法

1999（平成11）年に「食料の安定供給の確保」「多面的機能の発揮」「農業の持続的発展」「農村の振興」という4つの基本理念を具体化し、国民生活の安定向上と国民経済の健全な発展を図ることを目的とする食料・農業・農村基本法が成立した。それに基づき、今後10年を見通した食料・農業・農村基本計画が5年ごとに策定されている。2020（令和2）年には食料自給率等の2030年の目標を示した計画が公表された。2023（令和5）年には、わが国の農業を取り巻く情勢の大きな変化を踏まえ、基本法の検証、見直しに向けた議論が行われている。

> **食料・農業・農村基本法の目的（第1条の条文）**
> 　この法律は、食料、農業及び農村に関する施策について、基本理念及びその実現を図るのに基本となる事項を定め、並びに国及び地方公共団体の責務等を明らかにすることにより、食料、農業及び農村に関する施策を総合的かつ計画的に推進し、もって国民生活の安定向上及び国民経済の健全な発展を図ることを目的とする。

食料・農業・農村基本計画（令和2年3月）
～わが国の食と活力ある農業・農村を次の世代につなぐために～

食料・農業・農村をめぐる情勢

農政改革の着実な進展
農林水産物・食品輸出額
4,497億円（2012年）→9,121億円（2019）
生産農業所得
2.8兆円（2014）→3.5兆円（2018）
若者の新規就農
18,800人（09～13平均）→21,400人（14～18平均）

国内外の環境変化
①国内市場の縮小と海外市場の拡大
・人口減少、消費者ニーズの多様化
②TPP11、日米貿易協定等の新たな国際環境
③頻発する大規模自然災害、新たな感染症
④CSF（豚熱）の発生・ASF（アフリカ豚熱）への対応

生産基盤の脆弱化
農業就業者数や農地面積の大幅な減少

基本的な方針
「**産業政策**」と「**地域政策**」を**車の両輪**として推進し、将来にわたって国民生活に不可欠な食料を安定的に供給し、**食料自給率の向上**と**食料安全保障を確立**

施策推進の基本的な視点
✓消費者や実需者のニーズに即した施策
✓食料安全保障の確立と農業・農村の重要性についての国民的合意の形成
✓農業の持続性確保に向けた人材の育成・確保と生産基盤の強化に向けた施策の展開
✓スマート農業の加速化と農業のデジタルトランスフォーメーションの推進
✓地域政策の総合化と多面的機能の維持・発揮
✓災害や家畜疾病等、気候変動といった農業の持続性を脅かすリスクへの対応強化
✓農業・農村の所得の増大に向けた施策の推進
✓SDGsを契機とした持続可能な取組を後押しする施策

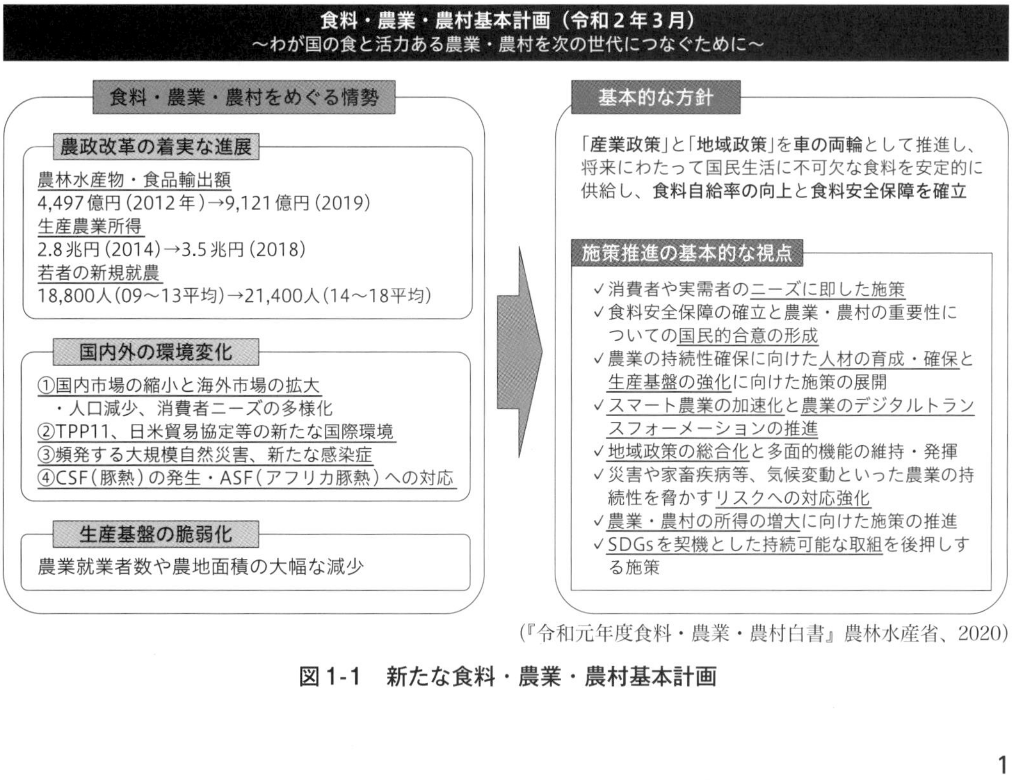

（『令和元年度食料・農業・農村白書』農林水産省、2020）

図1-1　新たな食料・農業・農村基本計画

(2) 食料自給率

食料自給率には、単純に重量で計算する「品目別自給率」と、食料全体について、供給熱量（カロリー）ベースまたは生産額ベースに単位をそろえて計算する「総合食料自給率」がある。

●品目別自給率＝国内生産量÷国内消費仕向け量

●総合食料自給率

供給熱量ベース＝1人1日当たり国産供給熱量÷1人1日当たり供給熱量

生産額ベース＝食料国内生産額÷食料の国内消費仕向け額

総合食料自給率は、2030年目標として、食料安全保障の観点から供給熱量ベース（45%）と、農業経済活動の状況から生産額ベース（75%）の目標値が設定されている。最近では、飼料自給率の目標を提示することにより、輸入飼料による畜産物生産分は除外して総合食料自給率を算定している。あわせて、国内生産物の消費の拡大・国内畜産業の振興状況を反映するために、食料国産率の目標も供給熱量と生産額ベースで提示している。

長期的に食料自給率が低下してきた主な要因として、食生活の多様化の進行、国産米の消費の減少、飼料や原料の多くを海外に頼らざるを得ない畜産物や油脂類等の消費の増加がある。

食料自給率目標等

【供給熱量ベース】 37%（2018実績）→**45%**（2030目標）（食料安全保障の状況を評価）

【生産額ベース】 66%（2018実績）→**75%**（2030目標）（経済活動の状況を評価）

【飼料自給率】 25%（2018実績）→34%（2030目標）

【食料国産率】 飼料自給率を反映せず、**国内生産の状況を評価するため新たに設定**

〈供給熱量ベース〉46%（2018実績）→53%（2030目標）

〈生産額ベース〉 69%（2018実績）→79%（2030目標）

食料自給力指標（食料の潜在生産能力）

農地面積に加え、**労働力も考慮**した指標を提示。また、新たに**2030年の見通し**も提示

（『令和2年度食料・農業・農村白書』農林水産省、2021）

図1-2 食料自給率目標等

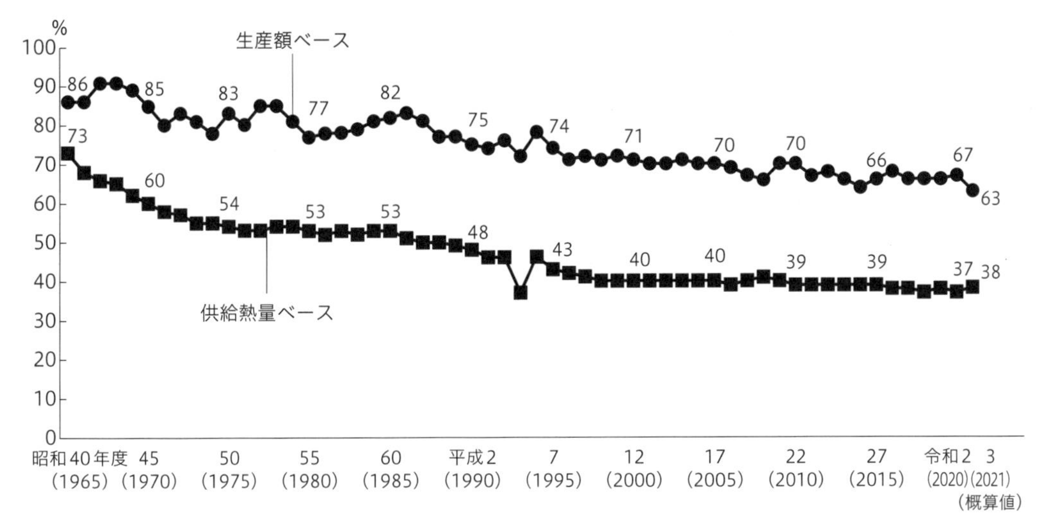

注：平成30（2018）年度以降の食料自給率は、イン（アウト）バウンドによる食料消費増減分を補正した数値

（『令和4年度食料・農業・農村白書』農林水産省、2023）

図1-3 わが国の総合食料自給率

(3) 食料自給力

食料自給力とは、わが国の農林水産業が有する食料の潜在生産能力を表すものであり、その潜在生産能力を最大限に活用することにより得られる食料の供給可能熱量を計算したものである。食料自給力の指標として、2030（令和12）年を目標とした米・麦中心とイモ類を主体とした場合の1人・1日当たり供給可能熱量が試算されている。

◆例題◆

次の文章の（A）～（C）に入る語句として、最も適切な組み合わせを選びなさい。

「わが国の食料自給率は、昭和40（1965）年度に供給熱量ベースで73%であったが、平成27（2015）年度は（　A　）%で推移し、先進国では最低の水準である。特に、（　B　）の自給率は10%台で極端に低い。近年、食料自給率に代わって、食料の潜在的供給能力を示す（　C　）が注目されるようになった。」

	A	B	C
①	42	小麦	食料潜在力
②	48	砂糖類	食料供給力
③	29	飼料作物	食料自給力
④	39	小麦	食料自給力
⑤	49	砂糖類	食料供給力

正解 ④

※参考：「日本農業技術検定2級過去問題集」には具体的な出題問題と解説が収録されています（別売り）。

2. 食料安全保障と国際交渉

(1) 主要農作物の輸入状況
――国際的な食料需給の把握と輸入穀物等の安定的な確保

世界の人口は2022(令和4) 年では80億人と推計され、今後も開発途上国を中心に増加し、2050年には97億人になると予想されている。また、経済発展にともなう畜産物等の需要増加が進む一方、気候変動による農作物の生産可能地域の変化、家畜の伝染性疾病、植物病害虫の発生等が食料生産に影響を及ぼす可能性がある。世界の食料需給は、中長期的にひっ迫する懸念があり、平素から食料の安定供給の確保に万全を期する必要がある。つまり、海外からの輸入に依存している主要農産物の安定供給を確保するために、多様化するリスクを踏まえ、輸入相手国との良好な関係の維持・強化や関連情報の収集等を通じて、輸入の安定化や多角化を図ることが重要となる。

(2) EPA/FTA等の締結

特定の国・地域で貿易ルールを取り決めるEPA/FTA等の締結が世界的に進み、2021（令和3）年1月時点では357件に達している。わが国においても、2022（令和4）年度末時点で21のEPA/FTA等が発行済み、署名済みである。これらの協定により、わが国の強みをいかした品目の輸出を拡大していくために、わが国の農林水産業の生産基盤を強化していくとともに、新市場開拓の推進等の取り組みを進めることとしている。

(3) TPP11合意内容

TPP11協定は、日本を含めた11か国が加盟する「環太平洋パートナーシップに関する包括的および先進的協定」のことで2018（平成30）年に発効した。

輸入関係では重要5品目（米、麦、牛肉・豚肉、乳製品、甘味資源作物）を中心に、国家貿易制度・枠外関税の維持、関税割り当てやセーフガードの創設、関税削減期間の長期化の措置がなされた。国内対策としては2017（平成29）年「総合的なTPP等関連政策大綱」により、経営所得安定対策などが実施されている。

さらに、2019（令和元）年10月に日米間の貿易合意もなされ、翌年1月に発効した。輸入関係では、「米」については関税の削減の対象から除外するとともに、TPPをはじめとする過去の経済連携協定の範囲内とするとされた。

なお、TPP11参加国の対日関税については、わが国の農林水産物・食品輸出拡大の重点品目（牛肉、米、水産物、茶等）すべてに関税撤廃を確保し、輸出の拡大が期待されている。

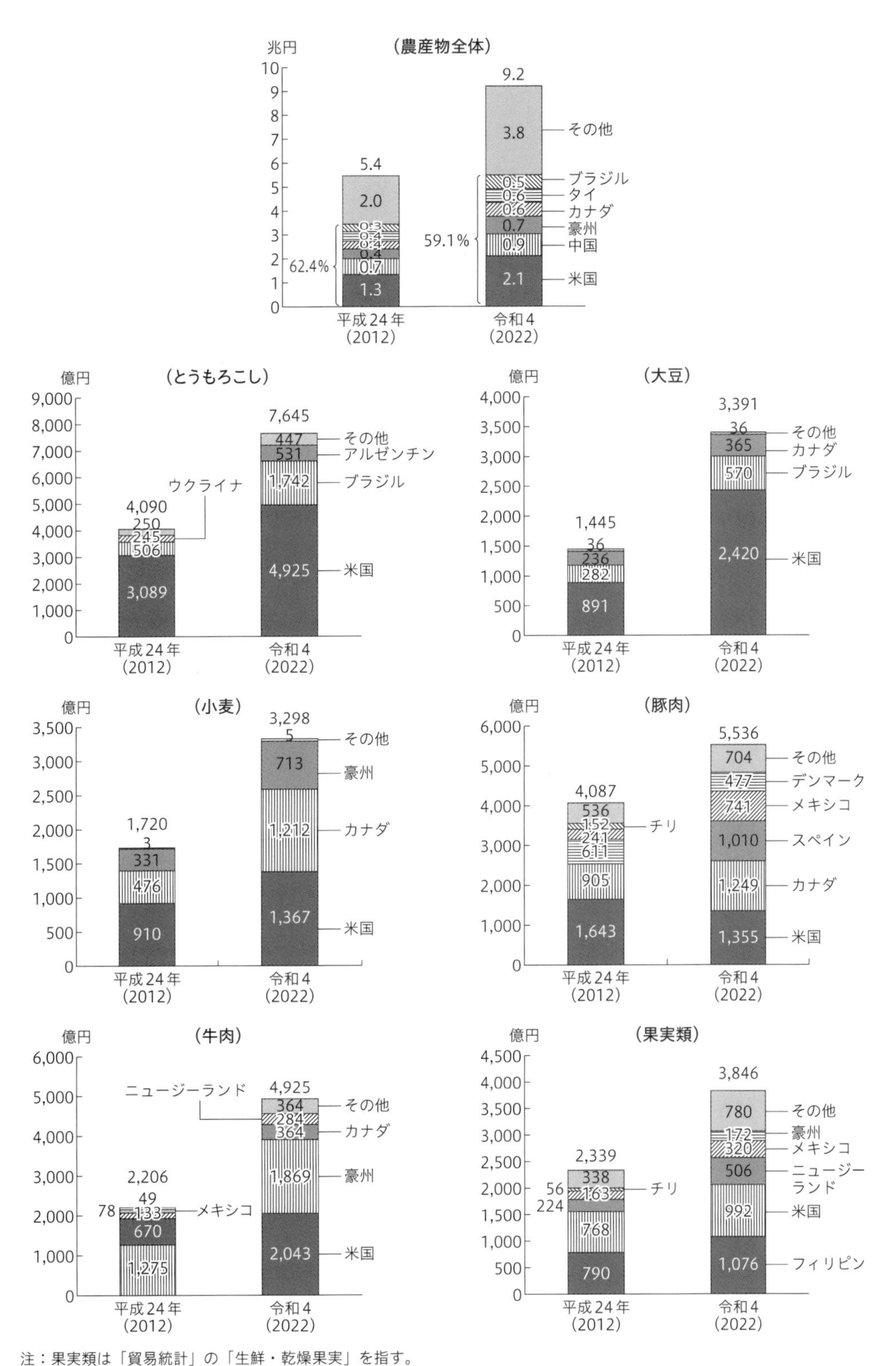

注：果実類は「貿易統計」の「生鮮・乾燥果実」を指す。

（『令和4年度食料・農業・農村白書』農林水産省、2023）

図1-4　わが国の主要農産物の国別輸入割合

表1-1　TPP11における主な品目の合意内容（輸入）

品目	合意内容
米	• 米粒のほか、調製品を含め、全て除外（米国枠も設けない）＊1
小麦	• TPPと同内容でマークアップ（政府が輸入する際に徴収している差益）を45％削減（現行の国家貿易制度、枠外税率〈55円/kg〉を維持） • TPPと同内容の米国枠（2019年度12万トン＊2→2024年度15万トン、主要3銘柄45％、その他の銘柄50％のマークアップ削減）を設定
大麦	• TPPと同内容でマークアップを45％削減（現行の国家貿易制度、枠外税率〈39円/kg〉を維持） • 新たな米国枠は設けない
牛肉	• TPPと同内容で9％まで関税削減し、セーフガード付きで長期の関税削減期間を確保 • セーフガード発動基準数量は、2020年度24.2万トン。以後、TPPの発動基準と同様に増加し、2033年度29.3万トン • 2023年度以降については、TPP11協定が修正されていれば、米国とTPP11発効国からの輸入を含むTPP全体の発動基準に移行する方向で協議
豚肉	• TPPと同内容で、従価税部分について関税を撤廃、従量税部分について関税を50円/kgまで削減。差額関税制度と分岐点価格（524円/kg）を維持し、セーフガード付きで長期の関税削減期間を確保 • 従量税部分のセーフガードは、米国とTPP11発効国からの輸入を含むTPP全体の発動基準数量とし、2022年度9.0万トン、以後、TPPの発動基準数量と同様に増加し、2027年度15.0万トン
脱脂粉乳・バター	• 新たな米国枠は設けない＊3

注：1）＊1　米の既存のWTO・SBS枠（国家貿易・最大10万実トン）について、透明性を確保するため、入札件数等入札結果を公表

2）＊2　発効日（令和2〈2020〉年1月1日）から年度末までの月数に応じて算出

3）＊3　脱脂粉乳について、既存のWTO枠（国家貿易・生乳換算13.7万トン）の枠内に、内数として、たんぱく質含有量（無脂乳固形分中）35％以上の規格基準の輸入枠750トン（生乳換算0.5万トン）を設定

（『令和元年度食料・農業・農村白書』農林水産省、2020）

(4)「総合的なTPP等関連政策大綱」に基づく国内対策

TPP11や日・EUのEPA（経済連携協定）については、必要な国境措置を確保するとともに、わが国の農林水産業は新たな国際環境に入ることから、これに対処する必要がある。そのために「総合的なTPP等関連政策大綱」に基づき、強い農林水産業の構築のための体質強化対策と、経営安定・安定供給のための備えである経営安定対策からなる万全の国内対策を講じている。

新輸出大国

＜輸出促進によるグローバル展開推進＞

1　丁寧な情報提供及び相談体制の整備
○TPP等の普及・啓発
○中堅・中小企業等のための相談体制の整備

2　新たな市場開拓、グローバル・バリューチェーン構築支援
○中堅・中小企業等の新市場開拓のための総合的支援体制の抜本的強化
（「新輸出大国」コンソーシアム）
○コンテンツ、サービス、技術等の輸出促進
○農林水産物・食品輸出の戦略的推進
○インフラシステムの海外展開促進
○デジタル化を含む海外展開先のビジネス環境整備

国内産業の競争力強化

＜TPP等を通じた国内産業の競争力強化＞

1　TPP等による貿易・投資の拡大を国内の経済再生に直結させる方策
○イノベーション、企業間・産業間連携による生産性向上促進

2　TPP等を通じた対内投資活性化の促進
○地域への対内投資活性化等を通じた対内投資の拡大

3　TPP等を通じた地域経済の活性化の促進
○地域に関する情報発信
○地域リソースの結集・ブランド化
○地域の雇用や経済を支える中堅・中小企業・小規模事業者、サービス産業の高付加価値化

＜食の安全、知的財産、政府調達＞
○輸入食品監視指導体制強化、原料原産地表示
○特許、商標、著作権、地理的表示（ＧＩ）、植物新品種・和牛遺伝資源保護関係について必要な措置
○政府調達に係る合意内容の正確かつ丁寧な説明

農政新時代

＜農林水産業＞

1　強い農林水産業の構築（体質強化対策）
政策大綱策定以降、各種の体質強化策を実施。引き続き必要な施策を実施。
○次世代を担う経営感覚に優れた担い手の育成
○マーケットインの発想で輸出にチャレンジする農林水産業・食品産業の体制整備
○国際競争力のある産地イノベーションの促進
○畜産・酪農収益力強化総合プロジェクトの推進
○合板・製材・構造用集成材等の木材製品の国際競争力の強化
○持続可能な収益性の高い操業体制への転換
○消費者との連携強化
○規制改革・税制改正

2　経営安定・安定供給のための備え（重要5品目関連）
関税削減等に対する農業者の懸念と不安を払拭し、TPP等発効後の経営安定に万全を期すため、生産コスト削減や収益性向上への意欲を持続させることに配慮しつつ、経営安定対策の充実等の措置を講ずる。
○米（政府備蓄米の運営見直し）
○麦（経営所得安定対策の着実な実施）
○牛肉・豚肉、乳製品（畜産・酪農の経営安定充実）
○甘味資源作物（加糖調製品を調整金の対象）

（『「総合的なTPP等関連政策大綱」のポイント』内閣官房、2017および2020を参考に作成）

図1-5 「総合的なTPP等関連政策大綱」の概要

3. 経営所得安定対策と収入保険制度

(1) 経営所得安定対策

農業の担い手の農業経営の安定に資するため、諸外国との生産条件の格差から生ずる不利を補正するための交付金（ゲタ対策）と、農業収入の減少が経営に及ぼす影響を緩和するための交付金（ナラシ対策）を実施している。

2022（令和4）年産の加入申請状況は、ゲタ対策は52万5千ha、ナラシ対策は63万5千haとなっている。

（ゲタ対策）

数量払：生産量と品質に応じて交付
面積払：当年産の作付面積に応じて、数量払の先払いとして交付

〈数量払と面積払との関係〉

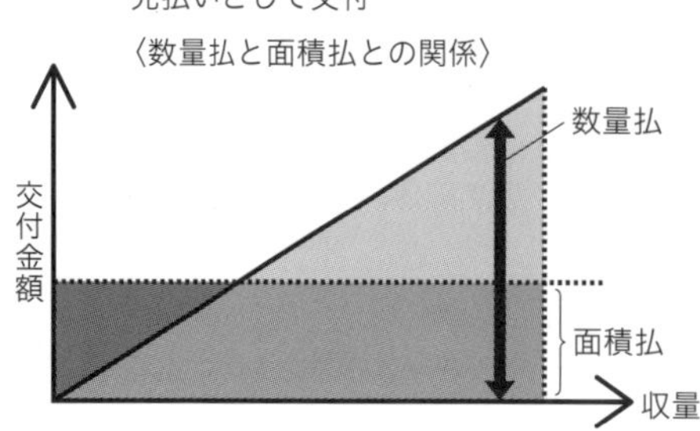

（ナラシ対策）

〔都道府県等地域単位で算定〕

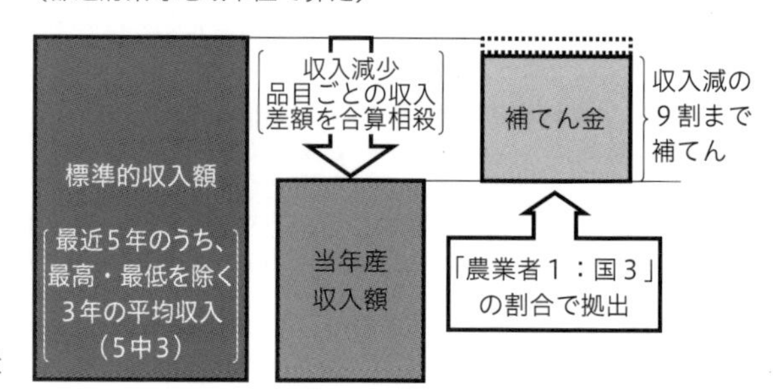

（『経営所得安定対策等の概要（令和2年度版）』農林水産省、2020）

図1-6　経営所得安定対策の仕組み

(2) 収入保険制度

2019（平成31）年より、農業が自然環境からの影響を受けやすいことや市場価格の低下など、様々なリスクによる収入が減少した場合に、その現象分の一部を補償する収入保険制度が開始された。基本的に作物横断的に対応する。

青色申告を行う農業者を対象に、農産物の販売収入が基準収入の9割を下回った場合に、下回った額の9割を上限として補填する。2023年（令和5年）1月末時点の収入保険加入状況は8万7千経営体となり、青色申告を行っている農業経営体（35万3千）の24.7％に当たる。

＜収入保険の概要＞

- 保険料の掛金率は1％程度で、基準収入の8割以上の収入を補償
- 米・畑作物・野菜・果樹・花・タバコ・茶・しいたけ・はちみつなど、原則としてすべての農作物を対象に、自然災害だけでなく、価格低下など農業経営のリスクを幅広く補償

＜収入保険の対象となるリスク例＞

自然災害や病虫害、鳥獣害などで収量が下がった

市場価格が下がった

災害で作付不能になった

けがや病気で収穫ができない

倉庫が浸水して売り物にならない

取引先が倒産した

盗難や運搬中の事故にあった

輸出したが為替変動で大損した

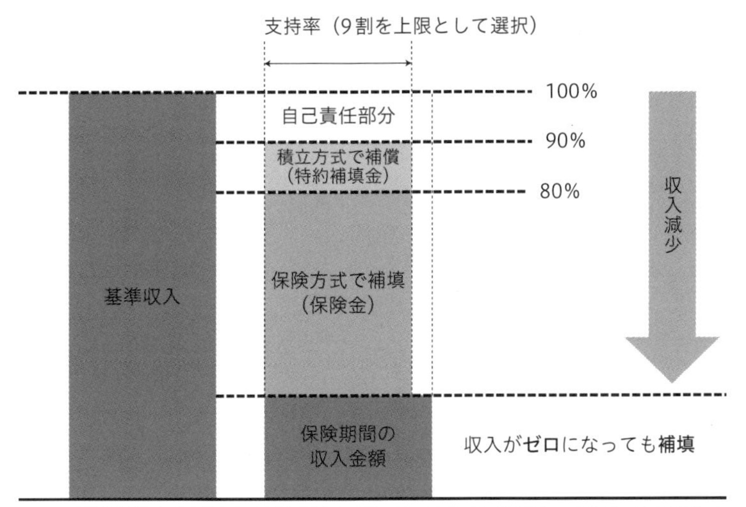

（『収入保険のポイントをご紹介するパンフレット』農林水産省、2023）

図1-7　収入保険の基本のタイプの補填方式

4. 農業構造の現状と展望

(1) 農地の利用状況と担い手への利用集積

2021（令和3）年における、わが国の農地面積は約435万haで、耕地利用率は91％となっている。荒廃農地面積は約26万haで、そのうち再利用困難農地は約17万haと推定されている。2030年における農地面積は、農地転用や荒廃農地の発生により、傾向値として392万haと推計されており、これに政策努力を加えて414万haを確保することを目標としている。

農地は効率的な農業経営を進めていくためにも、担い手への農地の集積・集約化を進めることが重要であるので、2014（平成26）年に発足した、農地中間管理機構（農地バンク）の活用等により、農地の利用集積が進められている。担い手への農地集積率は年々上昇しており、2021（令和3）年度には59％となっている。

(2) 農業構造の展望

担い手の育成・確保、担い手への農地集積・集約化等を総合的に推進していく上での将来ビジョンとして、担い手の姿を示し、望ましい農業構造の姿を示している。

具体的な担い手の姿としては、他産業と遜色のない生涯所得を目指す経営体としており、①農業経営基盤強化促進法による「認定農業者」、②将来認定農業者になると見込まれる「認定新規就農者」、③将来法人化して認定農業者となることが見込まれる「集落営農」が想定されている。

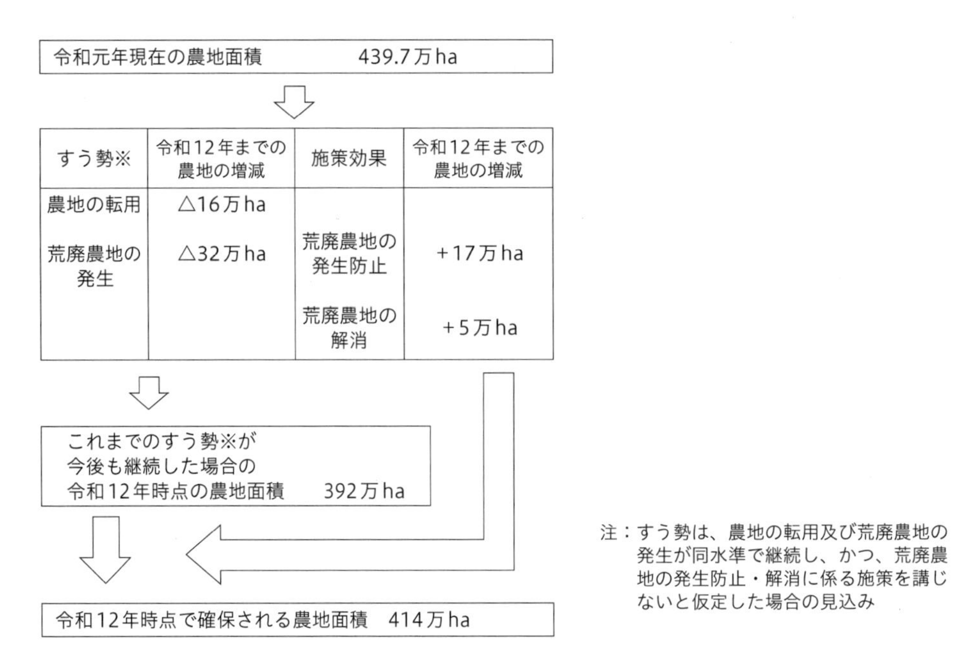

（『令和元年度食料・農業・農村白書』農林水産省、2020）

図1-8　農地面積の見通し

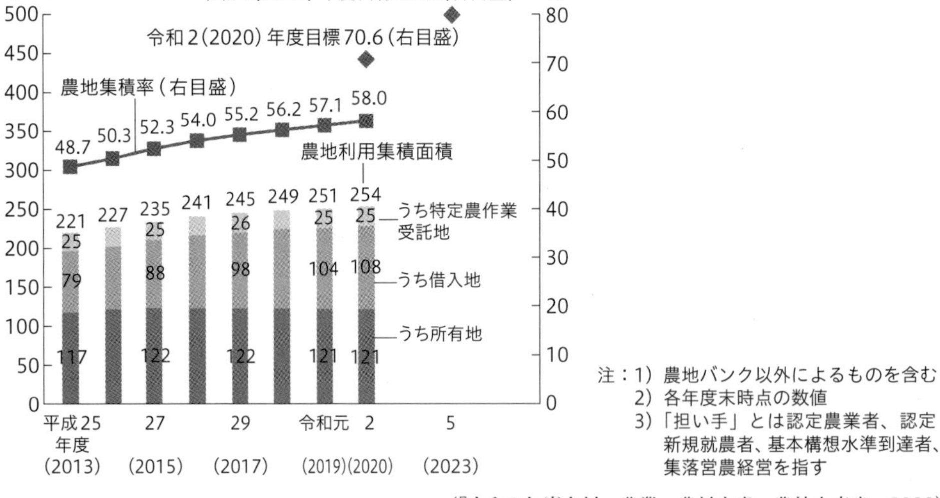

（『令和3年度食料・農業・農村白書』農林水産省、2022）

図1-9　担い手への農地集積率と農地利用集積面積の推移

また、望ましい農業構造としては農地中間管理機構の活用などにより、全農地の８割が担い手に利用されることを目指すとしている。

基幹的農業従事者等の農業就業者は、2030（令和12）年には自然体では131万人（うち49歳以下28万人）となるが、政策努力により140万人（同37万人）と試算している。

（付）農地の移動、転用、耕作放棄地に関する制度

①農地の移動（売買、貸借）の許可、転用の意見具申については、市町村の行政委員会である農業委員会が行っている。個人や法人が農業に参入するには、一定面積以上の経営が必要になる。農地を所有できる法人を農地所有適格法人といい、その設立には種々の要件が必要になる。一般の法人は貸借で農地を使用することになる。

②農地の転用については都道府県知事等の許可が必要になる。

③耕作放棄地は「所有している耕地のうち過去１年以上作付けしておらず、この数年以内に作付けする考えのない耕地」と定義され、その面積は増加して、2015（平成27）年には東京都の約２倍の面積に相当する42万haにもなっている。その改善に向けたさまざまな取り組みが講じられており、2021（令和３）年には再生可能エネルギー導入対策としての活用を図るため、荒廃した農地の転用について一部規制緩和が図られた。

（3）農業経営体と農業法人

1）農業経営体の分類

経営農地面積が10a以上の農業を行っている世帯または農産物販売額が年間15万円以上の世帯である農家の数は、2015（平成27）年で216万戸、2020（令和2）年で175万戸である。そのうち、経営耕地面積が30a以上または農産物販売額が15万円以上ある「販売農家」の数は、103万戸となっている。2020（令和２）年における農業経営体数は、107万６千で５年前に比べて22%減少した。そのうち、法人経営体数は３万１千で５年前に比べて13%増加している。

2）農業法人

農業法人とは、法人形態によって農業を営む法人の総称で、その形態は「会社法人」と「農事組合法人」に分けられる。農業法人のなかで、農地法第２条第３項の要件に適合し、農業経営を行うために農地を取得できる農業法人のことを「農地所有適格法人」という。

農地所有適格法人の要件は、(1) 法人形態要件、(2) 事業要件、(3) 議決権要件、(4) 役員要件の４つである。

法人が農業を営むに当たり、農地を所有（売買）しようとする場合は、上記の要件を満たす必要がある。しかし、農地を利用しない農業を営む法人や、農地を借りる農地リース制度で農業を営む法人は、必ずしも農地所有適格法人の要件を満たす必要はない。

表1-2　農業経営体の分類と経営体数

（千、経営体数）

用語	定　　　義	令和2年 （2020年）	平成27年 （1995年）
農業経営体	農産物の生産を行うか又は委託を受けて農作業を行い、（1）経営耕地面積が30a以上、（2）農作物の作付面積又は栽培面積、家畜の飼養頭羽数又は出荷羽数等、一定の外形基準以上の規模（露地野菜15a、施設野菜350㎡、搾乳牛1頭等）、（3）農作業の受託を実施、のいずれかに該当するもの（1990年、1995年、2000年センサスでは、販売農家、農家以外の農業事業体及び農業サービス事業体を合わせたものに相当する）。	1,076	1,377
個人経営体	個人（世帯）で事業を行う経営体をいう。なお、法人化して事業を行う経営体は含まない。	1,037	1,340
主業経営体	農業所得が主（世帯所得の50％以上が農業所得）で、1年間に自営農業に60日以上従事している65歳未満の世帯員がいる個人経営体	231	292
準主業経営体	農業所得が主（世帯所得の50％未満が農業所得）で、1年間に自営農業に60日以上従事している65歳未満の世帯員がいる個人経営体	143	259
副業的経営体	1年間に自営農業に60日以上従事している65歳未満の世帯員がいない個人経営体	664	790
団体経営体	農業経営体のうち個人経営体に該当しない者	38	37
単一経営体	農産物販売金額のうち、主位部門の販売金額が8割以上の経営体	799	990
準単一複合経営経営体	単一経営体以外で、農産物販売金額のうち、主位部門の販売金額が6割以上8割未満の経営体	127	193
複合経営経営体	単一経営体以外で、農産物販売金額のうち、主位部門の販売金額が6割未満（販売のなかった経営体を除く。）の経営体	53	62

注：これまでの専業兼業別農家分類と調査は2020年センサスから廃止移行された。

（『令和3年度食料・農業・農村白書』農林水産省、2022）

表1-3　農地所有適格法人の要件

項目	要件
法人形態	• 株式会社（非公開会社に限る）、農事組合法人、合名会社、合資会社、合同会社
事業要件	• 売上高の過半が農業（販売・加工等を含む）
構成員・議決権要件	• 農業関係者…常時従事者、農地の権利を提供した個人、農地中間管理機構または農地利用集積円滑化団体を通じて法人に農地を貸し付けている個人、基幹的な農作業を委託している個人、地方公共団体、農協等の議決権が総議決権の過半 • 農業関係者以外の構成員…保有できる議決権は総議決権の2分の1未満
役員要件	• 役員の過半が農業（販売・加工含む）の常時従事者（原則年間150日以上） • 役員または重要な使用人のうち1人以上が、農作業に従事（原則年間60日以上）

（農林水産省『法人が農業に参入する場合の要件』を参考に作成）

（4）農業の担い手の動向

認定農業者制度は、農業者が作成した経営改善計画を市町村長が認定するもので、2022（令和4）年3月末現在で22万2千経営体となっている。認定農業者には計画の実現のために農地の集積・集約化や経営所得安定対策、低利融資などの支援措置が講じられる。

集落営農は、農作業の共同化や機械の共同利用を通じて経営の効率化を目指すもので、個人の担い手がいない地域における農地等の受け皿として地域の農業生産を担っている。2022（令和4）年2月1日時点で、1万4千組織、うち法人は5千7百組織となっている。

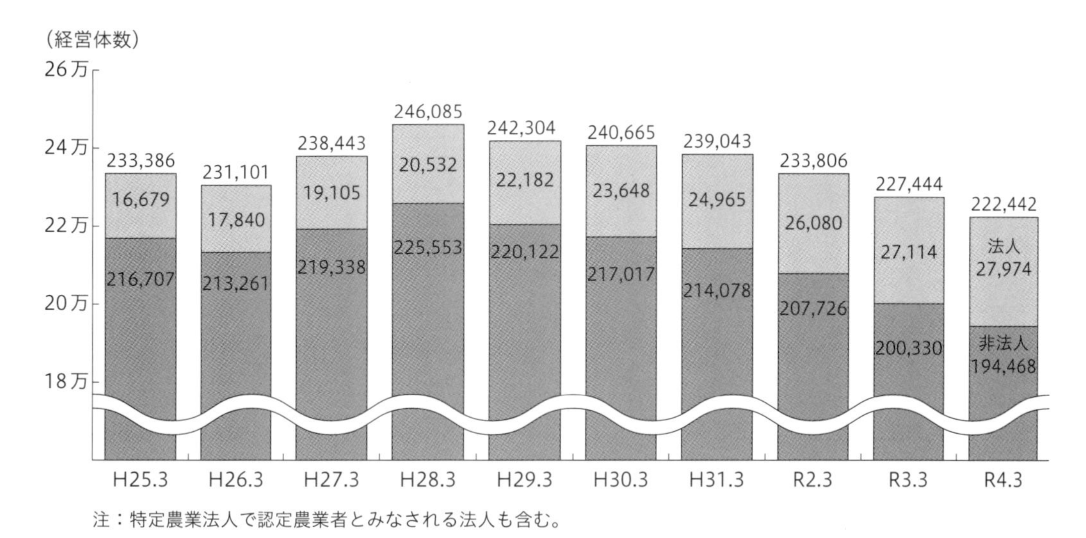

注：特定農業法人で認定農業者とみなされる法人も含む。

（『認定農業者の認定状況（令和4年3月末現在）』農林水産省、2022）

図1-10　認定農業者数の推移

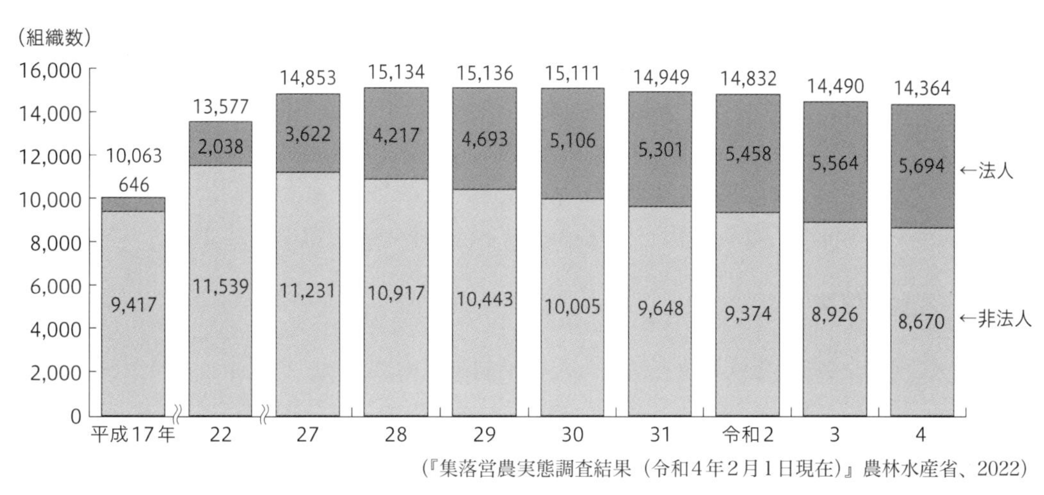

（『集落営農実態調査結果（令和4年2月1日現在）』農林水産省、2022）

図1-11　集落営農の組織数の推移

(5) 新規就農者の動向

2022（令和4）年の新規就農者数は4万5千人で、その多くは自家農業に就農する新規自営農業者である。新規就農者のうち49歳以下は1万6千人となっている。49歳以下の青年新規就農者の促進のために、農林水産省では2012（平成24）年から就農準備段階と、経営開始時段階に資金の助成を行っている。

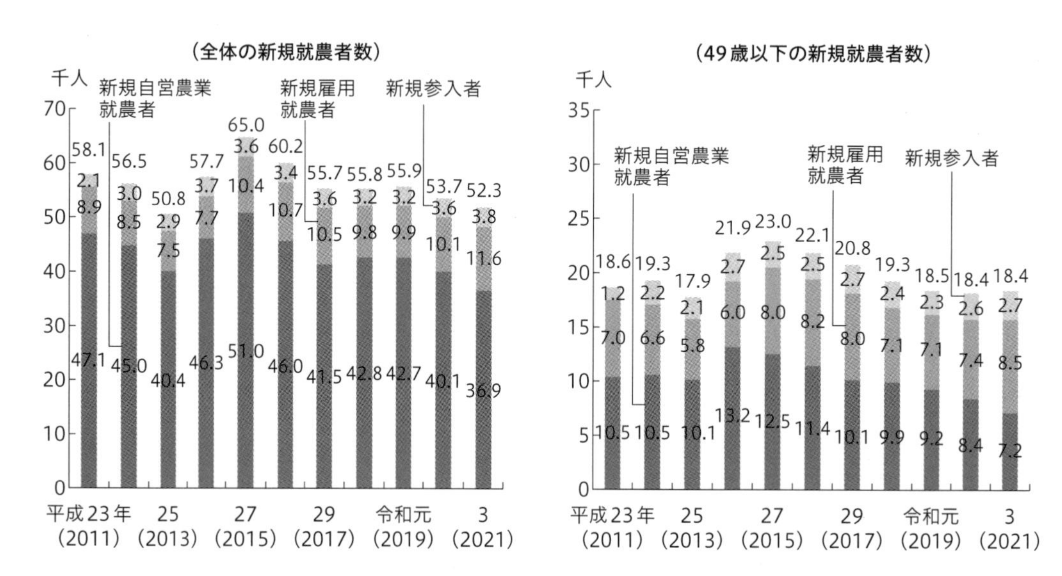

注：1）平成26（2014）年以降については、新規参入者は従来の「経営の責任者」に加え、新たに「共同経営者」が含まれる。
2）平成26（2014）年以前は当該年の4月1日～翌年の3月31日、平成27（2015）年以降は当該年の2月1日～翌年の1月31日の１年間に新規就農した者の数

（『令和４年度食料・農業・農村白書』農林水産省、2023）

図1-12　新規就農者数の推移

5. 競争力強化・環境政策への配慮

生産現場で農業の成長産業化を推進するためには、イノベーションの創出が必要であり、スマート農業や技術開発、農業生産資材価格の引き下げが求められている。

(1) スマート農業

ロボットやAI技術、衛星測位を活用した自動制御技術により、自動走行トラクタや田植機、コンバインの自動化、ドローンによるデータ解析や施肥・薬剤散布などの実証プロジェクトが進められている。

2020（令和2）年10月に、今後5年間で展開する施策の方向性を示した「スマート農業推進総合パッケージ」が策定された。

(2) 良質安価な農業生産資材の供給

農業資材は、原材料やその原料を輸入に頼っているため、国際情勢の影響を受け、価格が変動するという特徴がある。また、肥料・農薬・農機具・飼料は、農業経営費に占める割合が水田経営で4割、肥育牛経営で3割、施設野菜作で2割となっていることから、2017（平成29）年に制定された農業競争力強化支援法に基づき、良質安価な資材供給に向けた取り組みがなされている。このため、肥料取締法は、堆肥と化学肥料の配合を届け出るだけで生産できる肥料配合の規制緩和などを進めて「肥料の品質の確保等に関する法律」（令和2年12月1日施行）に改正されるなど、広く生産資材業界の再編等も進められている。

(3) 気候変動対策

2015（平成27）年の「パリ協定」で、地球温暖化対策の国際ルールとして世界の平均気温の上昇を工業化以前に比べ2℃未満に抑えることを目指し、1.5℃が努力目標とされた。

このため、わが国では2019（令和元）年に「パリ協定に基づく成長戦略としての長期戦略」を策定し、2050年までに80%の温室ガスの排出削減に取り組むこととされた。2020（令和2）年値で、わが国の農林水産分野の温室効果ガス排出源は、燃料燃焼による二酸化炭素が約36%、稲作でのメタン排出が24%、家畜消化管によるメタン発生が15%、家畜排せつ物による一酸化窒素が8%である。

地球温暖化は農業生産に直接影響することから、水稲では高温耐性品種の導入、ブドウでは高温着色品種や日本ナシでは高温による花芽の枯死が起こりにくい品種、ウンシュウミカンでは浮皮を抑制する植物成長調整剤の技術導入等が推進されている。

6. 農業経営

(1) 農産物流通

農産物の流通は、生産者が多数いることから流通経路も多様であり、多数の流通関係者が介在する場合が多い。市場流通の多くは生産者が農協などへ委託販売をする場合が多いが、この背景には、任意組合や少人数であるため組織力や定時・定量出荷ができず価格形成力が弱いことがある。市場外流通は、生産者が個人・グループで直売所（ファーマーズマーケット）に出荷したり、スーパーなど量販店や飲食店と契約出荷したり、ネットを活用した通販で直接販売したりするルートがある。

表1-4 市場経由率（令和元年）

	市場経由率
青果	54%
(うち国産青果)	77%
水産	47%
食肉	8%
花き	70%

（『卸売市場をめぐる情勢について（令和4年8月）』農林水産省、2022）

(2) マーケティング

1) マーケティングミックス

生産物やサービスをより多く、効率的に売るための経営者の主体的活動をマーケティングという。そして、最も重要な要素が「4P」で、①生産品(Product)、②価格(Price)、③流通(Place)、④販売促進(Promotion)である。この4つを組み合わせて、マーケティング戦略を決めることをマーケティングミックスという。

2) GAP(農業生産工程管理)

GAPは食品安全、環境保全、労働安全等の観点から生産者自らが生産工程を管理し、この取り組みが正しく実施されているかを第三者機関が審査する認証行為である。

生産者自らが行う取り組みは、①農薬や肥料の保管や農機具の整理整頓の徹底、生産履歴の記帳。②農場内を点検して見つけた課題や問題点の対策を自ら考えて実行し、その内容を記録・点検して継続的に改善していくことである。また、GAPの事例として、

- 食品安全:異物混入の防止、農薬の適正使用と保管
- 環境保全:適切な施肥、土壌浸食の防止、廃棄物別の適正処理と利用
- 労働安全:機械・設備の点検・整備、作業安全の保護具の着用
- 人権保護:強制労働の禁止、労働力の適切な確保、労働条件の提示及び厳守
- 農場経営管理:責任者の配置、教育訓練の実施、内部点検の実施、などがある。

わが国では主にGLOBALGAP、ASIAGAP、JGAPが普及しており、2023(令和5)年3月末時点で7,815経営体が取得している。それぞれのGAPの取得経営体数をみると、GLOBALGAPが794経営体、ASIAGAPが2,316経営体、JGAPが4,385経営体となっている。また、各都道府県が基準を定めた都道府県GAPなどもある。

(3) 農業経営の成果(農業所得)

【農業所得】……農業所得の構成は粗収益と経営費から算出される。経営の目標は農業所得の最大化にある。農業所得は次の式により算出される。

- 農業所得=農業粗収益-農業経営費

【農業粗収益】…野菜など農産物を販売して得た収益や農作業受託など農業サービスの受取手数料など農業経営によって得られた総収益額。

【農業経営費】…生産資材費、減価償却費、雇用労働費、支払地代・利子、販売管理費など農業経営に要した一切の経費。

【減価償却費】…建物、機械などの固定資産は時間が経過すると価値が減少するため、この減少額を計算し、費用として固定資産の勘定残高から差し引く。この費用を減価償却費という。償却方法には定額法と定率法がある。償却費は税法で認められている。

- 定額法：減価償却費＝（取得原価－残存価格）÷耐用年数
- 定率法：減価償却費＝未償却残高×定率法の償却率

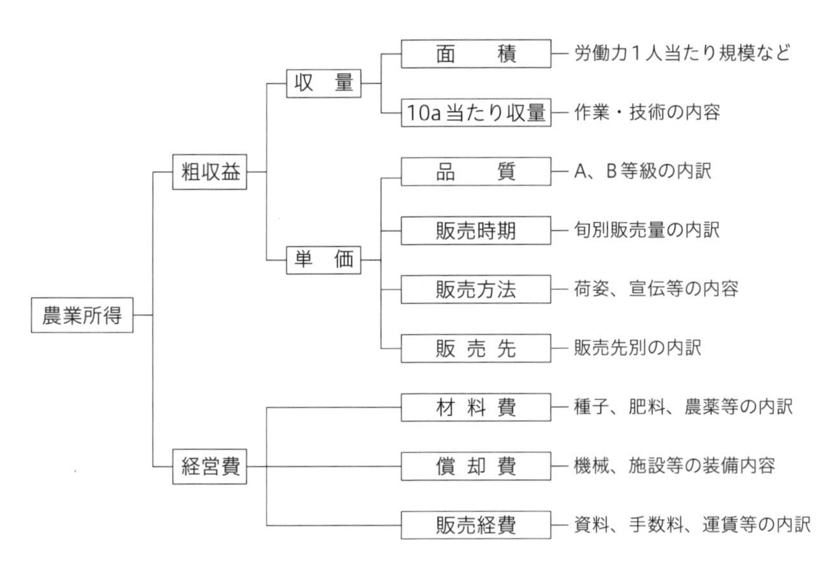

図1-13　農業所得の構成

◆例題◆

Aファームにおける1年間の営業状態は次の通りであった。この時の当期純利益として、最も適切なものを選びなさい。

(Aファーム)

畜産物売上	42,800千円
飼料費	29,000千円
農薬費	800千円
野菜売上	5,500千円
雇用費	4,800千円
種苗費	250千円
雑　費	450千円

① 15,000千円
② 35,300千円
③ 48,300千円
④ 13,000千円
⑤ 28,000千円

正解　④

7. 農業簿記

簿記では経営内容を資産・負債・資本・収益・費用の5つの要素に分けて計算する。

(1) 資産・負債・資本と貸借対照表(B/S)

①資産には固定資産と流動資産とがある。

【固定資産】…建物、農業機械、果樹・牛・豚、土地、出資金 など

【流動資産】…現金、預金、農産物などの棚卸資産 など

②負債には流動負債と固定負債とがある。

【流動負債】…買掛金、未払金、短期借入金 など

【固定負債】…長期借入金

③資本は、資産の総額から負債の総額を引いた純資産である。「資本=資産−負債」となる。

また、農業経営体の財務状況を表すために、貸借対照表を作成する。左側には資産状況を記入し、右側には負債と資本の各項目を記入する。

会計期間の経営活動の結果、期末資本が期首資本よりも増加した場合の増加額を当期純利益(減少した場合の減少額を当期純損益)という。

(期末) 貸借対照表

Aファーム (令和○年12月31日現在)

	資産の部	金額	負債・資本の部	金額	
流動資産	現金	183,300	買掛金	102,000	流動負債
流動資産	普通預金	314,000	短期借入金	120,000	流動負債
流動資産	売掛金	38,700	長期借入金	3,600,000	固定負債
流動資産	農産物	400,000	資本金(元入金)	13,558,000	資本(期末)
流動資産	肥料その他	25,000	当期純利益	10,000	資本(期末)
固定資産	土地	12,544,000			
固定資産	建物	1,620,000			
固定資産	機械装置	1,298,000			
固定資産	車両運搬具	967,000			
		17,390,000		17,390,000	

図1-14 貸借対照表(期末)の一例

(2) 収益・費用および損益計算書(P/L)

当期における収益の総額から費用の総額を引いたものが当期純利益(または純損失)である。「当期純利益(マイナスの場合は当期純損失)=収益−費用」となる。

また、損益計算書は損益法で会計期間の経営成績を表したものである。左側に費用を、右側に収益の項目を記入する。

損益計算書

Aファーム　（令和○年1月1日～令和○年12月31日）

	費用の部	金額	収益の部	金額	
費用	肥料費	90,000,000	農産物売上高	300,010,000	収益
	農薬費	60,000,000			
	動力光熱費	70,000,000			
	諸材料費	55,000,000			
	研修費	18,000,000			
	租税公課	1,000,000			
	支払利息	6,000,000			
利益	当期純利益	10,000			
		300,010,000		300,010,000	

（『複式農業簿記　実践テキスト』（一社）全国農業会議所、2023）

図1-15　損益計算書の一例

(3) 取引と仕訳、試算表

簿記では、取引があると帳簿に一定のルールで記帳する。そして、取引によって生じた資産・負債・資本の増減や収益・費用の発生について勘定項目ごとに計算する。その際、記入漏れや誤りが生じやすいため、記入するための準備作業として「仕訳」を行う。

仕訳表から勘定科目ごとに集計、転記したものを「試算表」という。試算表から損益計算書と貸借対照表を作成したものが「精算表」である。

精算表

勘定科目	残高試算表		損益計算書		貸借対照表	
	借方	貸方	借方	貸方	借方	貸方
現金	1,160,000				1,160,000	
普通預金	50,000				50,000	
機械装置	520,000				520,000	
未払金		520,000				520,000
資本金(元入金)		1,000,000				1,000,000
トマト売上高		285,000		285,000		
雇人費	75,000		75,000			
当期純利益			210,000			210,000
合計	1,805,000	1,805,000	285,000	285,000	1,730,000	1,730,000

図1-16　精算表の一例

(4) 取引要素の結合関係

経営内容の要素間の関係は、すべて貸方の要素と借方の要素が結びついて成り立っている。これを取引要素の結合関係という。

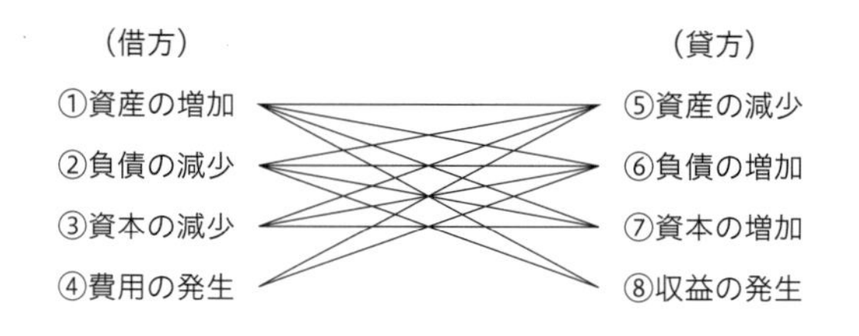

「仕訳」作業は、その取引が左表の関係のどれにあたるかを判断して、①②③④は左側（借方）に、⑤⑥⑦⑧は右側（貸方）に、それぞれ該当する勘定科目と金額を振り分ける。１つの取引では左側（借方）と右側（貸方）は必ず一致する（同額になる）。

図１－17　取引要素の結合関係

8. 経営診断

(1) 生産性指標

生産性とは、土地・労働・資本が経営活動の結果、どれだけの成果をあげたかを示すもので、土地生産性、労働生産性、資本生産性の３つに分けられる。特に、土地生産性は、耕地を重要な手段とする耕種部門において重要な指標である。

１）土地生産性

土地に注目して10a当たりの農業所得、売上高などをみる。以下のように求める。

- 10a当たり農業所得＝農業所得÷作付面積
- 10a当たり売上高（粗収益）＝売上高（粗収益）÷作付面積
- 10a当たり生産量＝生産量÷作付面積

なお、畜産経営では、家畜が土地と並ぶ重要な生産手段である。従って、作付面積の代わりに家畜飼養頭数当たり所得、売上高を指標とする。

- 経産牛１頭当たり農業所得＝農業所得÷経産牛飼育頭数

２）労働生産性

労働に注目して１時間､１日、労働力１人当たりの農業所得などをみる。以下のように求める。

- １日当たり農業所得＝農業所得÷家族労働時間×8時間
- １日当たり家族労働報酬＝家族労働報酬÷家族労働時間×8時間
- １人当たり売上高（粗収益）＝売上高（粗収益）÷労働者数

3）資本生産性

投下した資産、農業では特に固定資産に注目して生産性をみる。以下のように求める。

- 固定資産当たり農業所得＝農業所得÷農業固定資産

(2) 経営診断指標

【収益性指標】…資本利益率（利益÷資本）、売上高利益率（利益÷売上高）がある。

【安全性指標】…資産と負債のバランスなど財務構造から経営の安全性をみる。

①流動比率（流動資産÷流動負債）

②当座比率（当座資産÷流動資産）

③固定比率（固定資本÷自己資本）

④自己資本比率（自己資本÷総資本）

【効率性指標】…資産を効率的に経営できているかをみる。

①総資本回転率（売上高÷総資本）

②固定資産回転率（売上高÷固定資産）

【損益分岐点】…損益の分かれ目としては以下の指標がある。

- 損益分岐点（売上高）＝固定費÷（1－変動費÷売上高）

◆例題◆

経営診断を行う際、安全性を分析するときに用いられる財務諸表の分析指標として、最も適切なものを選びなさい。

① 自己資本増加率
② 総資本総利益率
③ 自己資本比率
④ 総資本回転率
⑤ 経常利益増加率

正解 ③

第2章　農業基礎

1. 栽培作物の種類と分類

農業や園芸で栽培される作物は、栽培、流通加工、消費方法などの点から、いくつかの分類方法がある。それぞれの過程で使いやすいように分類されている。

(1) 野菜の分類

野菜には科別の分類のほか、植物体の利用部位別による分類などがある。

表2-1　野菜の科別の分類

科	野菜
キク科	レタス、ゴボウ、シュンギク
アブラナ科	ハクサイ、キャベツ、チンゲンサイ、ダイコン、ブロッコリー
ナス科	トマト、ピーマン、ナス、ジャガイモ
セリ科	ニンジン、パセリ、セルリー
ウリ科	キュウリ、メロン、スイカ、カボチャ
アカザ科	ホウレンソウ※1
マメ科	ダイズ、インゲン、エンドウ
バラ科	イチゴ
サトイモ科	サトイモ
ヒルガオ科	サツマイモ
ユリ科	ネギ※2、タマネギ※2、ニラ

注：APG植物体系分類では、※1ヒユ科、※2ヒガンバナ科となった。

（『改訂新版日本農業技術検定3級テキスト』全国農業高等学校長協会、2020）

表2-2　利用部位による野菜の分類

分類	野菜
果菜類	トマト、キュウリ、ピーマン、カボチャ、メロン、イチゴ、エダマメ、スイカ、ナス、オクラ
葉茎菜類	ホウレンソウ、ハクサイ、キャベツ、レタス、コマツナ、パセリ、チンゲンサイ、シュンギク、アスパラガス
根菜類	ダイコン、ニンジン、サツマイモ、ゴボウ、ジャガイモ、サトイモ、ショウガ、カブ、ヤマイモ、レンコン

（『改訂新版日本農業技術検定3級テキスト』全国農業高等学校長協会、2020）

(2) 花きの分類

花きには植物学的分類（科）もあるが、よく用いられるのは、園芸的分類として、①種子をまいてからの年数別の開花状況、②地下部が越冬して毎年成長するもの、③球根として養分を蓄えるもの、④観賞用の花木・枝ものなどの分類がある。

表2-3　花きの園芸的分類の例

分類		例
一年草	非耐寒性一年草	コスモス、アサガオ、ヒマワリ、マリーゴールド、ホウセンカなど
	耐寒性一年草	カスミソウ、スイートピー、ヤグルマギク、ヒナゲシ、ワスレナグサなど [プリムラ マラコイデス、プリムラ オブコニカ、スターチス類など] *
二年草		カンパニュラ メジウム（フウリンソウ）、ジギタリス、ツキミソウなど
宿根草		キク、カーネーション、シュッコンカスミソウ、アキレア（ノコギリソウ）、オダマキ、セキチク、プリムラ ポリアンサなど
球根類	りん茎	チューリップ、ユリ、スイセン、ヒアシンス、アマリリスなど
	球茎	グラジオラス、フリージア、クロッカス、イキシア、バビアナなど
	塊茎	シクラメン、球根ベゴニア、アネモネ、カラー、カラジウムなど
	根茎	カンナ、ジンジャ、スイレン、カラー（チルドシアナ）、ハスなど
	塊根	ダリア、ラナンキュラスなど
花木		バラ、アザレア、ツツジ、ツバキ、アジサイ、フクシア、センリョウなど
ラン類	着生ラン	シンビジウム、カトレア、ファレノプシス、デンドロビウム、バンダ、ミルトニアなど
	地生ラン	パフィオペディルム、エビネ、シュンラン、カンラン、アツモリソウなど
多肉植物とサボテン類		カランコエ（ベンケイソウ科）、アロエ（ユリ科）、セネシオ（キク科）、サボテン類（シャコバサボテン、タマサボテン、ウチワサボテン、ハシラサボテン）など
観葉植物	宿根草	シダ類、ディフェンバキア、エピプレナム（ポトス）など
	木本植物	ゴム類、ヤシ類、ドラセナ類、クロトン、シェフレラなど
温室植物		ストレプトカーパス、セントポーリア、ペラルゴニウム、アキメネス、グロキシニア、ハエマンサス、ポインセチア、ブーゲンビレア、ブバルディアなど

＊［　］内は、原種は多年生草本植物であるが、園芸的には耐寒性一年草として扱われる。

（『草花』農文協、2003）

(3) 果樹の分類

果樹の分類は、主に気候適応性（温帯性・亜熱帯性・熱帯性）や樹の性質（落葉性・常緑性）、樹の姿（高木性・低木性・つる性）、果実の特徴（仁果類・核果類・堅果類）などによって分類される。また、花と果実の構造上の関係から、子房壁が肥大して食用部となった「真果」と花床（花たく）やその周りの組織が肥大した「偽果」とがある。

表2-4 果樹の人為分類

温帯果樹（落葉性）	高木性果樹	仁果類：リンゴ、ナシ、マルメロ、カリン、メドラー 核果類：モモ、オウトウ、ウメ、スモモ、アンズ 堅果類：クリ、クルミ、ペカン、アーモンド その他：カキ、イチジク、ザクロ、イチョウ、ナツメ、ポポー
	低木性果樹	スグリ類：スグリ、フサスグリ キイチゴ類：ラズベリー、ブラックベリー、デューベリー コケモモ類：ブルーベリー、クランベリー その他：ユスラウメ、グミ
	つる性果樹	ブドウ、キウイフルーツ、アケビ、ムベ
亜熱帯果樹（常緑性）		カンキツ、ビワ、オリーブ、ヤマモモ
熱帯果樹（常緑性）		マンゴー、マンゴスチン、レイシ、リュウガン、グアバ（バンジロウ）、ゴレンシ、アボカド、ドリアン、ナツメヤシ、ココヤシ、カシュウ、マカダミア、バナナ、パインアップル、パパイア、クダモノトケイソウ（パッションフルーツ）、フェイジョア、チェリモヤ、アセロラ

注：カンキツやビワは、温帯果樹あるいは南部温帯果樹に分類されることもある。

（『新果樹園芸学』朝倉書店、1991）

表2-5 果実の構造分類

真果	ウンシュウミカン、ブドウ、モモ、カキ
偽果	リンゴ、ニホンナシ、ビワ、クリ、イチジク

『果樹園芸学の基礎』（農文協、2013年）を参考に作成

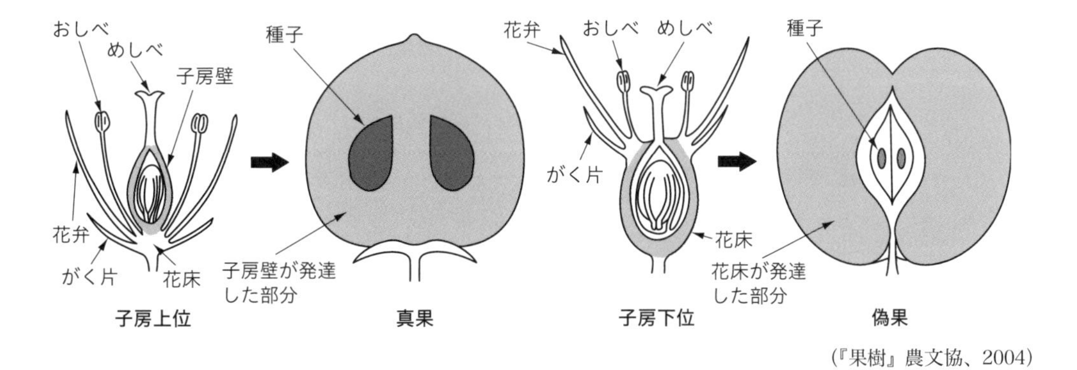

（『果樹』農文協、2004）

図2-1 真果（左）と偽果（右）の果実の成り立ち

2. 繁殖の方法別分類

(1) 種子繁殖

作物は、一般的に種子を播種して栽培する。種子の構造は、主に胚・胚乳・種皮からなっている。

「胚」は卵細胞と精細胞が合体した受精卵が発達してできる部分である。「胚乳」は種子の発芽時（胚の発育）に必要な炭水化物・脂肪・タンパク質などの栄養分も蓄えた組織である。「種皮」は胚乳の外側にある内外2枚の珠皮が発達したものである。胚乳に栄養分を蓄えた種子を「有胚乳種子」と呼び、胚乳となる組織が退化し子葉に栄養分を蓄える種子を「無胚乳種子」と呼ぶ。

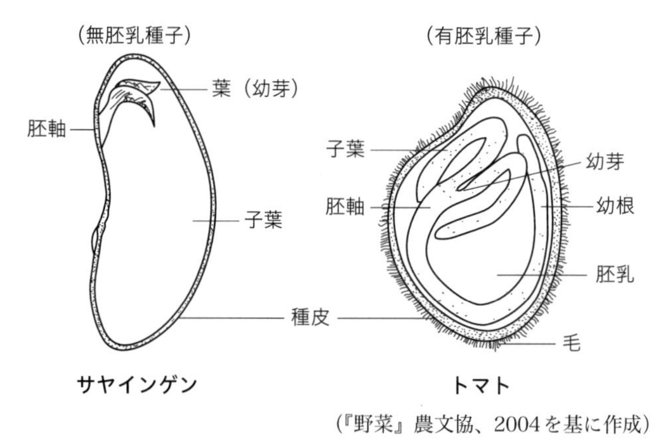

（『野菜』農文協、2004を基に作成）

図2-2　各種子の内部構造

表2-6　有胚乳種子と無胚乳種子

有胚乳種子		無胚乳種子	
ナス科	トマト、ナス	マメ科	ダイズ、サヤインゲン
ヒガンバナ科	ネギ、タマネギ	アブラナ科	ダイコン、キャベツ
ヒユ科	ホウレンソウ、ビート	ウリ科	スイカ、キュウリ
セリ科	セリ、ニンジン	キク科	ゴボウ、レタス

（『野菜』農文協、2004を基に作成）

(2) 発芽条件

種子の発芽には、光条件（光により発芽が促進されるもの＝明発芽種子・好光性種子、光により発芽が抑制されるもの＝暗発芽種子・嫌光性種子）のほか、感温性（作物の発芽が温度により左右される性質）の影響も知られている。

種子の発芽には水・温度・酸素の環境条件（発芽の3条件）が整っていることが必要である。

表2-7 発芽の光条件（野菜の場合）

明発芽種子（好光性種子）	キャベツ、ブロッコリー、レタス、ゴボウ、ニンジン、ミツバ、シソ　など
暗発芽種子（嫌光性種子）	ダイコン、ナス類、ウリ類、ネギ類　など

（『野菜』農文協、2004を基に作成）

表2-8 野菜の発芽適温のめやす

15～20℃	レタス、シュンギク、ミツバ、セルリー、ニラ、ホウレンソウ、シソ
15～25℃	ソラマメ、エンドウ、タマネギ、ネギ
20～30℃	ダイコン、ニンジン、ナス、ゴボウ、トマト、トウガラシ、サヤインゲン、キュウリ、カボチャ、メロン、スイカ

（『野菜』農文協、2004）

(3) 栄養体・無性繁殖

野菜類ではランナー（ほふく枝）や塊茎、塊根、地下茎などが繁殖に利用されている。また、株分けや接ぎ木なども行われている。花きでは、株分け、球茎、りん茎、塊茎、塊根、挿し木などが利用される。果樹では接ぎ木、挿し木が多い。

表2-9 繁殖に栄養体を利用する野菜・花き類

地上茎	セリ、サツマイモ
珠芽	オニユリ、ヤマイモ
ランナー	イチゴ
塊茎	ジャガイモ
りん茎	ユリ、チューリップ、ワケギ、ニンニク
球茎	グラジオラス、コンニャク、サトイモ
株分け（クローン分化）	イチゴ、アスパラガス（通常は種子繁殖）、カトレア、アジサイ
塊根	ダリア、ラナンキュラス、カンショ、ヤマイモ
挿し木	サツマイモ、バラ、アジサイ
接ぎ木	スイカ、ナス、トマト、バラ

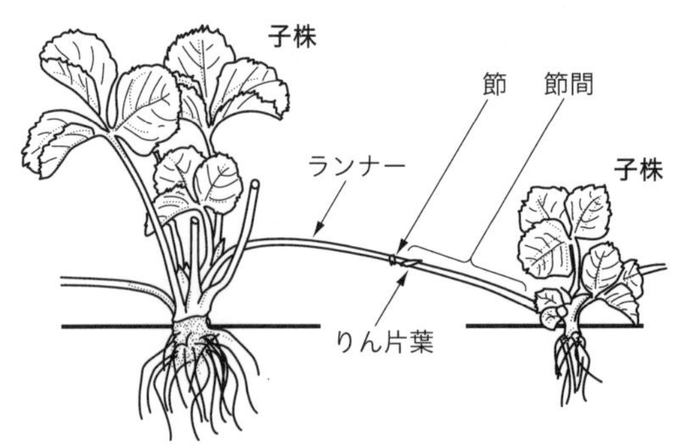

（『改訂新版日本農業技術検定３級テキスト』全国農業高等学校長協会、2020）

図2-3　ランナーの例（イチゴ）

（『野菜』農文協、2004）

図2-4　球茎の例（サトイモ）

（『草花』農文協、2003）

図2-5　塊根の例（ダリア）

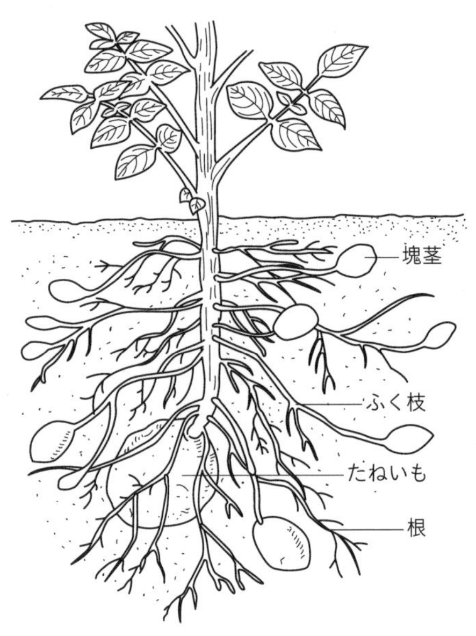

（『日本農業技術検定２級テキスト』
全国農業高等学校長協会、2014）

図2-6　塊茎の例（ジャガイモ）

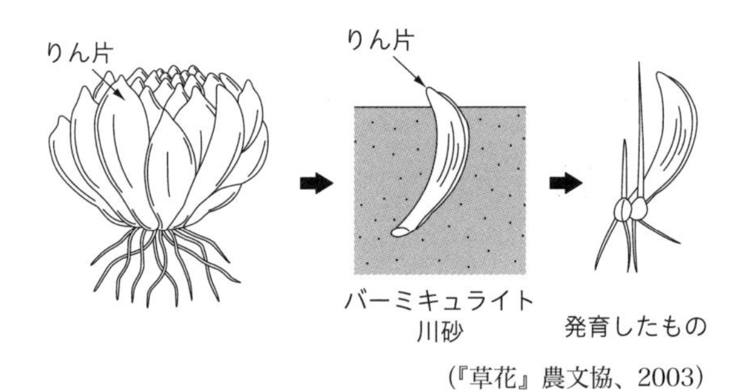

（『草花』農文協、2003）

図2-7　りん茎の例（ユリのりん片差し）

葉挿し
（ペペロミア、セントポーリアなど）

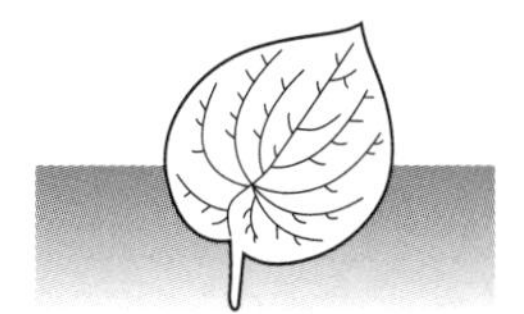

充実した成葉を取り、葉柄を
2～3cmつけて挿す

芽挿し（キクなど）

葉をつけた芽を取り、
2、3葉残して基部の葉を切除し、
1、2節を挿す

緑枝挿し（ツバキなど）

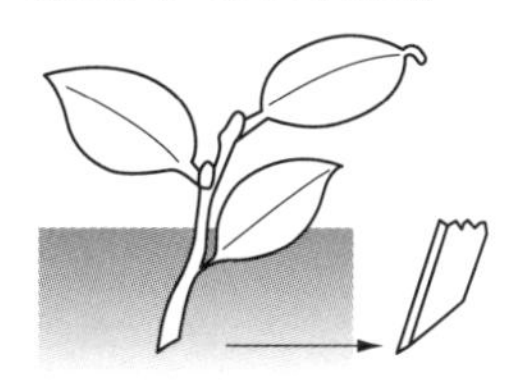

当年枝を取り、2、3葉を残して基
部の葉を切除する。葉が大きけれ
ば先端を切る。下部は鋭い刃もの
で斜めに切り、先端を切り返す

（『日本農業技術検定2級テキスト』全国農業高等学校長協会、2014）

図2-8　挿し木の例（各種の挿し木の方法）

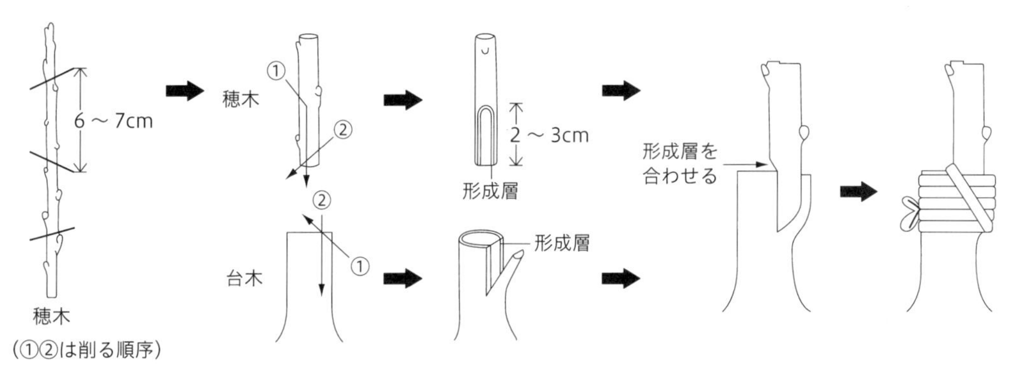

（『草花』農文協、2003）

図2-9　接ぎ木の例（切り接ぎの方法）

3. 土壌的要素

(1) 団粒構造

作物の根には、小さい土の塊が付着している。これは土の粒子の塊で「団粒」という。土に団粒が多く作られる構造を「団粒構造」、土の粒子がバラバラで分離した状態を「単粒構造」という。団粒構造が発達すると、土の中に大小のすき間ができるようになり、土壌は軟らかくなるとともに、そのすき間には空気や水分が保持される。このように、土の中には固体（団粒）と液体、空気が混ざっており、固体の部分を固相、液体の部分を液相、空気の部分を気相、これらを合わせて「土壌の三相構造」という。

土壌の団粒化には、土壌中の有機物（腐植）が欠かせない。特に、腐植のうち分解しにくい腐植質は帯電しており、硝酸イオン（NO_3^-）などの土壌中の養分を保持するなど、土壌の働きの重要な機能を担っている。団粒化は堆肥などの有機物を施すとともに、適度な水分状態で耕うんすることで促進される。また、ミミズなどの土壌生物の糞も団粒化に貢献している。腐

●単粒構造

単粒

水

土の粒にすき間がないので、
空気もとおらず水をはじく。

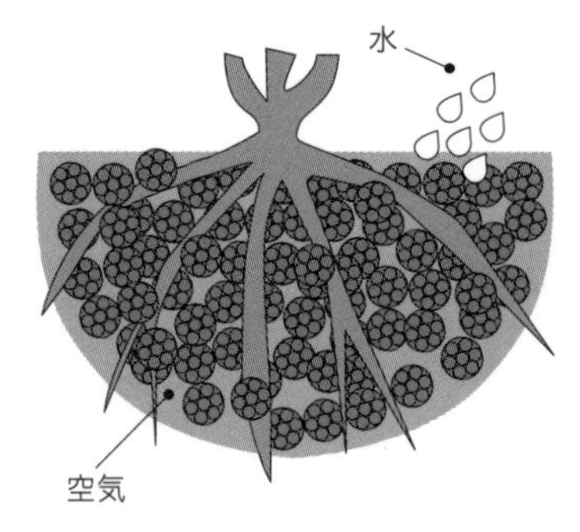

土の粒の間にすき間があるので
空気や水がよく吸収される。

（和光市ホームページ、2011）

図2-10　単粒構造と団粒構造

植の量は作物栽培によって減少するため、高い生産性を保つためには絶えず補給しなければならない。団粒構造は人の踏みつけや水分条件の悪い状態での耕うんにより破壊される。

(2) 農地の種類と働き

水田では水を蓄える期間が長く、土壌表面の酸素を含む酸化層と、その下層の酸素が不足した還元層に分かれる。養分はかんがい水からも供給される。

畑では耕うんの機会が多いため、土壌中の酸素が増えやすく、有機物の分解が速い。露地畑では、降雨によって土中養分や土壌の流出が起こる。

果樹園でも耕うんが少ないため、土質が硬くなりやすい。さらに、植栽密度が低いため土壌浸食が起こりやすい。そのため、林床を草地化することも多い。

牧草地では耕うんが少なく、土質が硬いため、地表近くにルートマット（牧草の根が集中した層）ができる。一方で、表面が牧草で覆われるので土壌浸食は少ない。

施設では畑と同様に有機物の分解が速い。屋根によって降雨による土壌浸食は防げるが、塩類集積が起こりやすい。

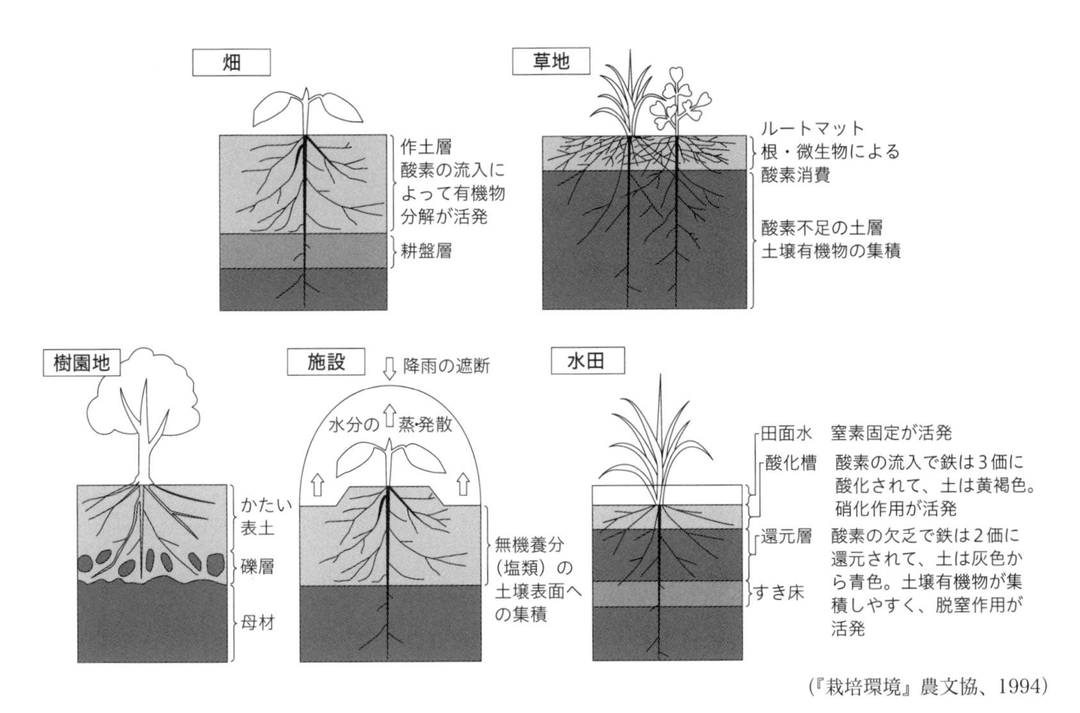

（『栽培環境』農文協、1994）

図2-11 農地土壌の特徴

(3) わが国の農地土壌と管理のポイント

わが国の農地は、河川によって運ばれた土砂が平野等に堆積してできた低地土（沖積土）が一番多い。次に多いのが、火山の噴出物に由来する火山性土（火山灰土壌）で、一般的に生産力が低く、この土壌は酸性でリン酸が固定されるため、施用されたリン酸が作物に吸収されにくい。

台地性土壌（洪積土）は強酸性で土壌養分が少なく通気性・排水性も悪い。泥炭土は植物残さが排水の悪い条件下で堆積したものである。それぞれの土壌の管理のポイントは表2-11のとおりである。

(4) 土壌の化学性

土の中の無機養分を保持する力や、pHなどの化学的要素を「土壌の化学性」という。土壌の化学性の改良は、土壌の通気性や排水性（物理性）、土壌中の微生物や動物の生息状況（生物性）の改善と比較すると容易である。化学性、物理性、生物性を総合して「地力」という。

【塩基交換容量（CEC）】…肥料や土壌改良材などは、土壌中ではイオンの形で存在している。このイオンを電気的に保持する土壌の力（保肥力）の大きさをいう。この容量以上に投入された肥料や土壌改良材は、土壌に保持されないため、ほ場から流出して環境汚染の原因となることがある。塩基交換容量の値が15以下だと小さく、15〜25は標準、25〜35では大きい。

表2-10　土壌区分とわが国の農地土壌

大分類	中分類	乾湿など	農地（100 ha）	特　性
低地土（沖積土）	褐色低地土	乾	4,081（普通畑2,311）	排水良好な低地に堆積した土壌で、酸化された褐色の土層が続き、腐食物質を含む表層をほとんどもたない
	灰色低地土	中	11,418（水田10,566）	堆積した砂などが水の影響で灰色化した土壌で、赤褐色の酸化斑が随所にみられる
	グライ低地土	湿	9,047（水田8,894）	排水不良な低地に堆積し水の影響で青灰色の層（グライ層）をもつ土壌で、下層に青灰色の層が発達する
火山性土	黒ボク土	乾	9,542（普通畑8,511）	排水良好な台地に堆積した土壌で、酸化斑も青灰色の層ももたず、土壌の腐食含量が高い
	多湿黒ボク土	中	3,488（水田2,741）	台地の排水不良なくぼ地などに堆積した土壌で、土壌断面に酸化斑が認められる
	黒ボクグライ土	湿	526（普通畑508）	排水不良な低地に堆積した土壌で、下層に青灰色の層が認められる
台地土（洪積土）	褐色森林土	乾	4,431（普通畑2,875）	排水良好な森林の下に発達した黄褐色の土壌で、酸化斑も青灰色の層も認められない
	灰色台地土	中	1,575（水田792）	平たんな台地に発達し地下水の影響で全体が灰色化した土壌で、酸化斑が認められる
	グライ台地土	湿	446（水田402）	台地に発達し地下水の影響で下層に青灰色の層をもつ土壌
泥炭土	泥炭土	未分解	1,419（水田1,095）	肉眼で植物組織の認められる泥炭の堆積した土壌
	黒泥土	分解進む	778（水田759）	泥炭の分解した黒い有機物の層をもつ土壌
その他	未熟土（砂丘未熟土）		242（普通畑223）	海岸から風で運ばれた砂の堆積した土壌
	岩屑土		148（樹園地77）	岩石の崩壊した礫や砂がその場で堆積した土壌

注：（　）内は、主に利用されている農地の形態と面積。
（土壌区分：北海道施肥標準、北海道農務部、1978年、農地土壌：日本の耕地土壌の実態と対策 新訂版、土壌保全調査事業全国協議会編、1991年による）

（『農業と環境』農文協、2018）

【塩基飽和度】… 土壌が肥料などの養分を塩基交換容量に対してどの程度保持しているかの割合を指す。塩基飽和度は60～80％が適正で、100％を超えると環境に負荷を与えた状態といえる。

【pH】………… 土壌の酸性、アルカリ性を示す指標である。0～14の値で示され、7を中性とし、それより値が小さい場合を酸性、大きい場合をアルカリ性という。一般的に、多くの農作物は中性～弱酸性の土壌が生育に適する。土壌の種類によって程度の差はあるが、pHの変動は塩基飽和度に影響される。塩基飽和度が低いとpHが下がり、その逆ではpHは上昇する。

表2-11　各土壌の特性に対応した管理のポイント

	特　性	管理のポイント
沖積土	一般に化学性・物理性にすぐれ、生産力が最も高いが、管理が悪いと土壌がかたくしまりやすく、クラフトとよばれる粘土の皮膜が表面をおおい、水や空気の出入りを妨げる	中耕、有機物施用などによって、土地の物理性をよい状態に維持する
火山性土	化学性は沖積土よりおとり、土壌養分が乏しいうえ、リン酸固定力が強く、施用したリン酸が作物に吸収されにくく、生産力が低い	リン酸資材の投入を中心とした土壌改良と、黒ボクグライ土に対する排水改善
洪積土	化学性・物理性の最もおとる土壌で、土壌養分が乏しく、かつ土壌は強い粘土質でかたく、生産力は最も低い	排水改良など物理性改善を図りながら、有機物による土壌の膨軟化、リン酸や石灰資材の施用による化学性の改良を同時並行的に行う
泥炭土	窒素地力は高いが、リン酸や微量要素などの他の養分に欠け、化学性は沖積度よりおとる。もともと通気性・排水性が悪く、物理性のおとる土壌であったが、近年、土地改良が進み、通気性・排水性が高まり、物理性がいちじるしく改善されてきた	排水性を中心とする物理性の改良と、リン酸、石灰、微量要素などの施用による化学性の改善

（『農業と環境』農文協、2018）

【電気伝導度（EC)】…施肥の目安にする指標である。土壌水溶液中に含まれる肥料（特に窒素）の多少を示す。土壌水溶液中に硝酸態窒素が増えるとEC値は高まり、降雨などで水とともに流れてしまうと低くなる。ECの単位は1mS/cm（ミリジーメンスパーセンチメートル）＝0.1CF（シーエフ）で、標準水のECは0.1mS/cm、培養液は通常0.75～3mS/cm、植物の成長には0.75～2mS/cmが適するといわれている。

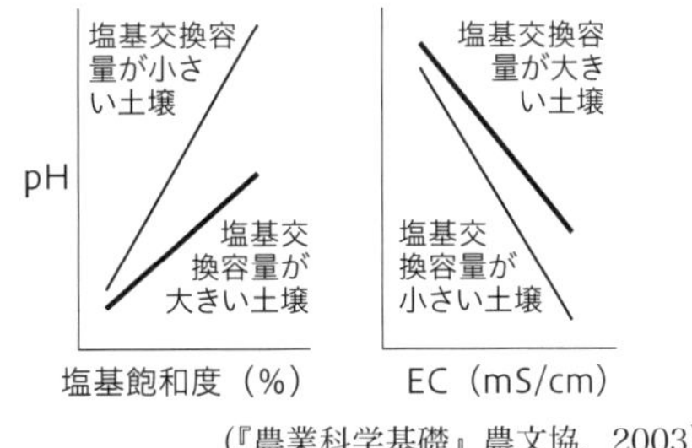

（『農業科学基礎』農文協、2003）

図2-12　塩基飽和度・ECとpHの関係

表2-12　作物の種類別好適pH

		4.5	5.0	5.5	6.0	6.5	7.0
野菜	イチゴ						
	ダイコン						
	トマト						
	ホウレンソウ						
	レタス						
	エダマメ						
果樹	ナシ						
	リンゴ						
	ブルーベリー						
	モモ						
	ブドウ						
花き	洋ラン						
	カーネーション						
	コスモス						
	ユリ						
	スイートピー						
食用作物	イネ						
	ジャガイモ						
	オオムギ						
	コムギ						
	ダイズ						

(5) 作物の必須要素

植物の成長に必要な養分を必須要素という。この必須要素が整わないと、植物は健全に生育するのが困難となる。作物栽培で肥料を施すのは必須要素を整えるためである。そして、植物はこれらを基本的に根を通じて土壌中から得ている。また、植物は、土壌を微生物で分解させ、必須要素のひとつである窒素を吸収するなど、物質の循環を繰り返し行っている。

1) 空中窒素の固定

大気中には約78%の窒素が含まれているが、植物はこれを直接利用することはできない。しかし、微生物の中には空気中の窒素を、植物が利用可能なアンモニア態窒素に変換できるものがある。

なかでも根粒菌とラン藻類の働きは農業でよく利用されている。根粒菌はレンゲやダイズなどマメ科植物の根に共生する細菌である。根粒菌の固定する窒素量は年間で1ha当たり100kgから400kgにもなるといわれている。また、共生する窒素固定微生物の固定した窒素の約95%は共生した植物に利用される。そのため、レンゲなどは緑肥作物とも呼ばれる。

2）必須要素と生理障害

【必須要素】……作物の生育にとって必要な要素（元素、以下同じ）には17要素あり、これを必須17要素という。必須要素は、植物体を構成し、体内の生理作用に関わっている。植物を完全に乾燥させたとき（乾物重）、それぞれが少なくとも約0.2%以上を占め、すべての植物が必要とする要素を多量要素（多量必須元素）といい、乾物重0.2%以下であるが必要不可欠な要素を微量要素（必須微量元素）という。

【生理障害】……必須要素が不足すると植物の各種の生理作用は不順になり、栄養成長や生殖成長に要素不足特有の症状が現れるようになる。これを生理障害（養分欠乏症）という。

3）連作が引き起こす障害

同じほ場で同じ農作物を連続して栽培すると、収量が減少したり品質が落ちたりすることがある。これを「連作障害」という。その原因としては、病原菌や有害センチュウの増加だけではなく、養分の過剰や偏りが関係している。そして、農作物に利用されなかった養分が土壌表面付近に集まる塩類集積が起こり、生育を阻害したり発芽できなくなったりする。また、カリウムが過剰になるとマグネシウムやカルシウムが吸収できなくなり、生理障害が発生しやすくなる。

表2-13　植物の必須17元素

大気と水から吸収するもの	土壌中から吸収するもの	
多量要素		微量要素
酸素（O） 炭素（C） 水素（H）	窒素（N） リン（P） カリウム（K） カルシウム（Ca） マグネシウム（Mg） 硫黄（S）	鉄（Fe） ホウ素（B） マンガン（Mn） 亜鉛（Zn） 塩素（Cl） モリブデン（Mo） 銅（Cu） ニッケル（Ni）

※養分吸収の観点からは元素を要素という。
（『改訂新版日本農業技術検定3級テキスト』全国農業高等学校長協会、2020）

表2-14　必須要素（元素）の役割と欠乏症状

元素名	生物体内での役割
窒素	1. たんぱくの構造成分 2. 根の発育や茎葉の伸長をよくし、葉の緑色をよくする 3. 養分の吸収及び同化作用を盛んにする
リン酸	1. 核たんぱくの構成成分 2. 糖類と結合して呼吸作用に役立っている 3. 根の伸長をよくし、発芽や分けつをよくする 4. 開花結実をよくし、成熟を早め、品質をよくする
カリウム	1. 細胞液中でイオンとして存在し、炭水化物の合成、移動、蓄積に役立っている 2. たんぱく合成に関与している 3. 蒸散作用を調節し、体内の生理作用に関係している 4. 根や茎を強くし、病害に強くなる
カルシウム	1. 体内に過剰にある有機酸を中和する 2. ペクチンと結合して細胞膜を強くし、病気に強くなる 3. 根の発育を助ける
マグネシウム	1. 葉緑素の構成成分 2. りん酸の移動を助ける 3. 油脂の合成を助ける
ホウ素	1. 細胞の分裂や花粉の授精を助ける
鉄	1. 葉緑素の生成を助ける 2. 呼吸作用に重要な役割を担っている

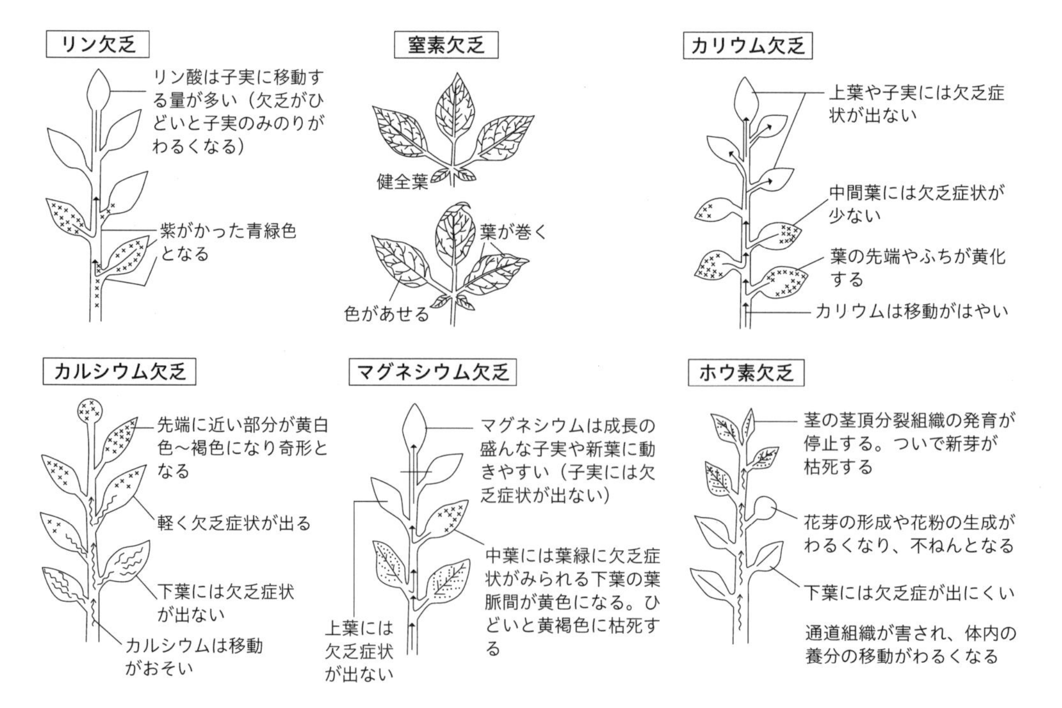

（『日本農業技術検定2級テキスト』全国農業高等学校長協会、2014）

図2-13　主な要素欠乏の見分け方

4. 肥料

(1) 肥料の品質の確保等に関する法律（肥料法）

肥料取締法は、1950（昭和25）年に制定された法律で、「肥料の品質等を保全し、その公正な取引と安全な施用を確保するため、肥料の規格及び施用基準の公定、登録、検査等を行い、もって農業生産力の維持増進に寄与するとともに、国民の健康の保護に資すること」を目的としている。2020（令和2）年に「肥料の品質の確保等に関する法律（肥料法）」に改正され、肥料の配合に関する規則を緩和し、化学肥料と堆肥を混合した「指定混合肥料」が新たに制定された。

肥料法では、肥料を「特殊肥料」と「普通肥料」の2つに大別している。「特殊肥料」とは、魚かすや堆肥等、農林水産大臣が指定したもので、「普通肥料」とは、特殊肥料以外のものをいう。肥料を生産、輸入、販売する際には、その種類に応じて農林水産大臣または都道府県知事への登録や届出を行わなければならない。

(2) 肥料の種類と分類

肥料は含まれる養分の数や効果（肥効）、製造方法などで分類される。

【化学肥料と有機質肥料】…無機物質から化学合成した肥料を「化学肥料（無機質飼料）」という。植物からできる油かすや動物のふん尿など生物由来の有機物質を原料とするものを「有機質肥料」という。

【単肥と複合肥料】…肥料3要素（窒素、リン酸、カリウム）の成分がひとつのものを「単肥」、複数のものを「複合肥料」という。

また、複合肥料のうち、1粒1粒の肥料に2種類以上の成分を含むように化学的処理をしたものが「化成肥料」で、成分量の合計が15～30%未満のものを普通（低度）化成肥料、30%以上のものを高度化成肥料という。複合肥料に分類される「配合肥料」は、複数成分を含むように肥料原料を機械的に（化学的処理をせずに）混合したものをいう。

【速効性肥料と緩効性肥料】…「速効性肥料」は施肥後すぐに効果が現れるが、肥効が長続きしない。「緩効性肥料」は成分を膜で覆うなどして肥効がゆっくりと長く続くようにしたものである。

また、施肥後しばらく時間がたってから効果が出る肥料で、微生物が肥料を分解して成分が溶け出す性質がある骨粉や油かすなどの動植物由来の有機質肥料や、容易に溶けない化成肥料を「遅効性肥料」という。

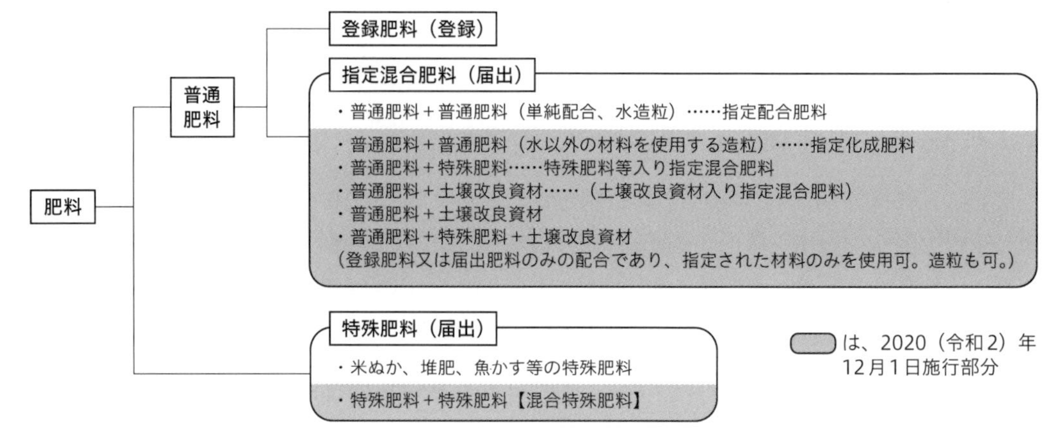

（『改訂新版土と施肥の新知識』農文協、2021）

図2-14　肥料の分類

表2-15　有機肥料と比較した化学肥料の長所と短所

長所	短所
速効性で効果が高い	過剰施用で濃度障害（肥やけ）を起こしやすい
施肥の労力がかからない	土壌の酸性化を促進するものもある
成分量が一定で施肥量の調節が容易	土壌改良に役立たない

（『日本農業技術検定2級テキスト』全国農業高等学校長協会、2014）

（3）肥料の3要素

植物の多量必須元素のうち、窒素・リン酸・カリウム（カリ）を肥料の3要素という。

【窒素肥料】………作物の主食ともいえる成分で、生育に強い影響を及ぼす。不足すると葉全体が淡緑色ないし黄色になり、生育が著しく劣る。与え過ぎると葉は暗緑色になり、作物は柔らかく過繁茂になり病気や害虫に侵されやすくなる。

【リン酸肥料】……欠乏すると下葉から葉色が赤みを帯びた黄色ないしは赤紫色になり、生育が衰える。開花・結実に関係する。

【カリウム肥料】…欠乏すると葉に白色ないしは褐色の斑点が出たり、葉脈間や葉脈が黄化したりする。葉は外側に巻いて生育が低下する。根の発育と細胞の浸透圧調整に関係する。

表2-16　主な化学肥料

	肥料の名称（通称）	成分含有量	肥効特性	特　徴
窒素肥料	硫酸アンモニウム（硫安）$(NH_4)_2SO_4$	20.5～21%のNと23～24%のS	水溶性で速効的	硝酸化成や土壌に残るSO_4^{2-}によって土壌の酸性化をまねきやすい。鉄含量の少ない水田土壌では硫化水素が発生して、根を傷めやすい
	塩化アンモニウム（塩安）NH_4Cl	25～26%のN	水溶性で速効的	土壌の酸性化をまねきやすい。Cl^-によって硝化作用が若干遅くなりやすい
	尿素 NH_2CONH_2	45～46%のN	水溶性で速効的	尿素自体は流亡しやすいが、土壌中の微生物の作用で炭酸アンモニウムにすみやかに変化して土壌に保持される。尿素は葉からも吸収されやすく、葉面散布にも利用される
	硝酸ナトリウム $NaNO_3$	16%以上のN	水溶性で速効的	NO_3^-は流亡しやすく、かつ、水田では脱窒されやすい。NO_3^-の吸収されたあとの土壌pHは上がる
	硝酸アンモニウム（硝安）NH_4NO_3	ふつう33.5%のN	水溶性で速効的	NH_4^+とNO_3^-の両者とも吸収されて土壌pHは変化しない。ただし、NO_3^-は流亡しやすい
	カルシウムシアナミド（石灰窒素）$CaCN_2$	20～23%のN	水溶性 1～2週間で肥効	シアナミドは殺草効果があるので、播種の1～2週間前に施用する。シアナミドは殺菌効果もある
リン酸肥料	過リン酸石灰（過石）	15～26%のP_2O_5	リン酸としては速効的	リン鉱石に硫酸を反応させて製造したもの。硫酸カルシウム（石膏）も含有する。土壌を酸性化させない
	溶性リン肥（溶リン）	17～25%のP_2O_5	肥効は緩効的	リン鉱石とじゃもん岩を高温で融解、急冷したガラス状の肥料。土壌改良資材としても利用される
カリ肥料	塩化カリウム（塩加）KCl	61～63%のK_2O	水溶性で速効的	Cl^-によって土壌の酸性化をまねきやすい
	硫酸カリウム（硫加）K_2SO_4	50～53%のK_2O	水溶性で速効的	SO_4^{2-}によって土壌の酸性化をまねきやすい

※植物は、根からクエン酸などの有機酸を分泌して、ある程度難溶性の物質も溶解して吸収できる。
（Nは窒素、Sは硫黄、P_2O_5は五酸化ニリン、K_2Oは酸化カリウム）　　　　（『農業と環境』農文協、2018）

(4) 肥料の施用

作物が本来持っている能力を発揮させるには、自然から供給される養分では不足する。そのため肥料や土壌改良材はこの不足分を補うために施す。作物の種類や栽培方法、肥料成分によって肥料の施し方は異なる。また、生育時期によって必要となる養分の量は異なるため、一度にすべての量を与えるのではなく、生育に応じて施すのが一般的である。

1) 収量漸減の法則

必要な養分が足りないときに施肥量を増やすと収量も増加するが、その増加の割合は徐々に減っていく。そして、収穫量が最も多いときを超えても、さらに施肥量を増やすと、逆に収量が低下する。これらのことを「収量漸減の法則」という。

2）施肥量と施肥基準

作物ごとの目標収量に必要な単位面積当たりの養分吸収量（①）や、肥料の吸収率（利用率）は、地域ごとに調べられている。この養分吸収量から、自然から供給される養分や土壌中に残存している養分量（②）を差し引いた量が必要な量となる。しかし、作物は養分のすべてを吸収できないため吸収率で割った値が施肥量となる。これを式にすると次のようになる。

「施肥量＝（①－②）÷吸収率（利用率）」

また、有機物の種類や土質などを考慮した標準的な施肥量が各都道府県ごとに作物別に定められている。これを施肥基準という。

3）元（基）肥と追肥

【元（基）肥】…苗の移植や播種など栽培を始める前に与える肥料のこと。元肥は地中に施すため追加することができないので、施肥の設計は十分注意する必要がある。施される肥料の種類は堆肥などの有機質肥料のほかに、緩効性肥料（CDU、IB化成肥料など）が使われる。また、リン、カルシウム（石灰）、マグネシウム（苦土）などは生育期間中に与える量のすべてを元肥として一度に施す。

【追肥】…………生育の段階に応じて施す肥料のこと。野菜栽培では、除草を兼ねて作物付近の土の表面に散布して表面の土と混ぜる方法が一般的である。足りない養分を補うことが目的なので速効性肥料（硫安や塩化カリウムなど）が使われる。

表2-17　自給肥料の成分含有量（%）

	窒素	リン酸	カリウム
堆肥（現物）	0.5	0.2	0.5
きゅう肥（現物）	0.5	0.3	0.6
乳牛ふん（現物）	0.3	0.4	0.1
豚ぷん（現物）	0.6	0.4	0.3
鶏ふん（風乾物）	3.0	3.1	1.3
レンゲ（新鮮物）	0.4	0.1	0.2
草木灰	–	1.7	5.3
木灰	–	2.3	7.8
稲わら（風乾物）	0.6	0.2	1.0
麦わら（風乾物）	0.4	0.2	0.5
もみがら（風乾物）	0.6	0.2	0.5
米ぬか	2.0	3.9	1.5

注：成分含有量は標準値であり、変動の幅は大きい。
栗原淳・越野正義『肥料製造学』昭和６１年、奥田東『肥料学概論第２次改著』昭和35年による
（『農業と環境』農文協、2018）

表2-18 各種畑作物の施肥基準と養分吸収量

作物名			施肥基準量（茨城県）kg/10a			養分吸収量 kg/10a		
			N	P_2O_5	K_2O	N	P2O5	K_2O
普通畑作物		コムギ	7.0	10.0	10.0	8.0	3.0	6.0
		ダイズ	3.0	8.0	9.0	10.0	2.0	3.0
		サツマイモ	3.0	8.0	12.0	6.0	2.0	20.0
		ジャガイモ	12.0	20.0	15.0	11.0	5.0	16.0
		トウモロコシ	20.0	15.0	20.0	7.0	3.0	8.0
野菜	果菜類	トマト	30.0	25.0	30.0	17.0	5.0	26.0
		キュウリ	30.0	25.0	30.0	19.8	7.1	23.6
		スイカ	15.0	15.0	15.0	16.0	5.9	24.6
		メロン	20.0	20.0	20.0	21.3	6.0	44.0
		カボチャ	15.0	15.0	15.0	7.0	3.8	14.6
	葉菜類	ハクサイ	30.0	20.0	30.0	23.6	8.0	25.3
		キャベツ	25.0	20.0	25.0	19.5	5.5	23.4
		ホウレンソウ	15.0	15.0	15.0	8.0	2.0	11.0
	根菜類	ダイコン	20.0	20.0	20.0	12.8	5.0	17.0
		コカブ	20.0	15.0	20.0	6.4	2.8	8.9

（『農業と環境』農文協、2018）

5. 病害虫防除

(1) 作物の主な病気

作物の栽培において、病気や害虫の発生は大きな問題となる。単一種類の栽培が多いため一度発生すると被害が大きくなることが多い。病害虫の発生を防ぐにはいくつかの方法があるが、発生した場合は、速やかに病害虫の種類を診断し、適切な時期と方法で対処することが被害を最小限に防ぐ方法となる。健全な生育の妨げになる生物の種類と特徴を理解することで、正しい病害虫の診断が可能になる。そして、的確な病害虫防除により農薬等の使用量を減少させ、地域環境への影響を減らすことが可能となる。

植物の病気を引き起こす病原体には、菌類（糸状菌）、細菌（バクテリア）、ウイルスがある。

【糸状菌】………生きている植物の体に侵入し寄生して生活するカビで、病気の種類も多い。水や風、種子を通じて伝染する空気伝染性の病気と、土壌を通じて伝染する土壌伝染性の病気に分けられる。土壌伝染性の病気は連作障害の一因にもなる。

【細菌】…………体全体が1つの細胞でできている単細胞の微生物のこと。作物の病原になる細菌の種類は多くはない。感染の経路は、かん水時や雨などで植物に付着し、傷口や葉の裏の気孔などから体内に侵入する。その後、細胞分裂を繰り返し、増殖して発病する。

【ウイルス】……極めて小さく、細胞の中で増殖する。感染の経路は、アブラムシやヨコバイ類、ウンカ類などの昆虫が植物を吸汁して食害することで植物体内に侵入し伝染・発病したりする。接ぎ木などの栄養繁殖でも伝染・発病する。そのほか、汁液伝染、土壌伝染、種子伝染などがある。

表2-19　病原体と主な病名

病原体	病　名
菌類（カビ）	イネ：いもち病、スイカ：つる割れ病、ダイコン：炭そ病、キュウリ：べと病、キュウリ：うどんこ病、ハクサイ：根こぶ病　など
細菌	ハクサイ：軟腐病、ナス：青枯れ病、バラ：根頭がんしゅ病　など
ウイルス	トマト：黄化葉巻病、ハクサイ：モザイク病　など

（『改訂新版日本農業技術検定3級テキスト』全国農業高等学校長協会、2020）

(2) 病害の防除法

病害を防ぐには、病気に強い品種を選び、正しく栽培管理して健全に育てることが大切である。

【耕種的防除】…輪作を行い、土壌病害を防ぐ方法や、発病した植物体を除去（残さ除去）する方法がある。

【生物的防除】…土壌病害への拮抗微生物の投入や、棲ぎ木時の病気抵抗性の台木の使用、病気に強い品種の導入がある。

【化学的防除】…農薬を使用する防除方法である。

【物理的防除】…施設で太陽熱を利用して土壌病原菌を殺菌する方法（太陽熱消毒）や、除湿器を利用して夜間の湿度を下げる方法などがある。

(3) 主要害虫とその被害

害虫は、作物の茎や葉を食べたり（食害）、体液を吸い取ったり（吸汁）して、また、産卵して作物を傷つけて衰弱させる。食害の傷口からは病原菌が侵入しやすくなり、病気を媒介する。

主な害虫には昆虫類、ダニ類、センチュウ類がある。

【昆虫類】………有害動物の多くが昆虫であり、植物を直接食害したり、ウイルスなどの病原（病気の原因）を媒介して作物に被害を及ぼす。有害昆虫の数は2,200種類にのぼる。これらはサナギになってから成虫になる完全変態昆虫と、サナギにならないで成虫になる不完全変態昆虫に分けられる。

【ダニ類】………昆虫と比較すると個体は小さく、体から糸を出して移動可能なクモに近い動物である。口針（こうしん）と呼ばれる注射針状の口で、茎葉や果実を吸汁して食害する。果実等の表面に吸汁痕が残り品質が低下する。

【センチュウ（線虫）類】…土壌中に生息し、細長くミミズに似ている。植物に寄生するセンチュウは、体長0.5～2mm程度で根から植物体に侵入し食害する。主なものにネコブセンチュウ、ネグサレセンチュウ、シストセンチュウがある。

表2-20　主要な作物の害虫とその被害

作物名	害虫名〔加害部位と被害の与え方〕
イネ	トビイロウンカ・セジロウンカ〔茎葉、吸汁〕、ツマグロヨコバイ・ヒメトビウンカ〔茎葉、吸汁、ウイルス病伝播〕、ニカメイガ〔茎、食入〕、コブノメイガ・イネクビボソハムシ（ドロオイムシ）〔葉、食害〕、イネミズゾウムシ〔葉・根、食害〕、カメムシ類〔穂、吸汁・斑点米発生〕
ダイズ	シロイチモジマダラメイガ・マメシンクイガ・ダイズサヤタマバエ〔子実、食入〕、カメムシ類〔子実、吸汁〕、ハスモンヨトウ〔葉・根、食害〕、ダイズシストセンチュウ〔根、吸汁〕
ジャガイモ	ニジュウヤホシテントウ〔葉、食害〕、ジャガイモキバガ〔葉・いも、食害・食入〕、アブラムシ類〔茎葉、吸汁、ウイルス病伝播〕、ジャガイモシストセンチュウ〔根、吸汁〕
サツマイモ	ナカジロシタバ・イモキバガ〔葉、食害〕、ドウガネブイブイ〔根、食害〕、サツマイモネコブセンチュウ〔根、吸汁〕、イモゾウムシ〔いも、食害〕
キュウリ	アブラムシ類・オンシツコナジラミ・タバココナジラミ・ナミハダニ〔茎葉、吸汁〕、ネコブセンチュウ類〔根、吸汁〕
トマト	オオタバコガ〔果実、食害〕、ハダニ〔葉、吸汁〕、ニジュウヤホシテントウ〔葉・果実、食害〕、アブラムシ類〔葉・果実、吸汁〕
キャベツ	コナガ・モンシロチョウ・ヨトウガ〔葉、食害〕、タマナヤガ・カブラヤガ（ネキリムシ類）〔茎、切断〕、アブラムシ類〔茎葉、吸汁〕
キク	キクキンウワバ〔葉、食害〕、ハガレセンチュウ〔葉、葉枯れ〕、マメハモグリバエ〔葉、潜入〕

（『農業と環境』農文協、2018）

◆例題◆

高温・多湿の時期に多く発生し、葉柄および根部が腐敗し悪臭を発するダイコンの病気の名称とその原因の組み合わせについて、最も適切なものを選びなさい。

	病名	原因
①	モザイク病	糸状菌
②	軟腐病	細菌
③	いおう病	糸状菌
④	軟腐病	ウイルス
⑤	いおう病	細菌

正解　②

◆例題◆

イネの病気に関する記述として、最も適切なものを選びなさい。

① いもち病は日照不足、多湿、密植等で発生しやすい病気である。
② 苗立ち枯れ病は、穂ばらみ期に起きやすい病気である。
③ 紋枯れ病は、低温、肥料不足によって発生する病気である。
④ ごま葉枯れ病は、ウンカ類やヨコバイ類によって媒介される病気である。
⑤ 白葉枯れ病は、登熟期の穂に発生する病気である。

正解 ①

(4) 雑草の種類と防除

雑草には、水田に多くみられる水田雑草と、畑地に多くみられる畑地雑草とがあり、1年生と多年生に分けることができる。雑草の防除は種子の発芽を防ぐため表土を反転させ種子を土中に埋設したり、土表を覆ったりするマルチングが効果的である。発生した雑草には、中耕除草機や土寄せ、除草剤による薬剤除草がある。除草剤は発芽抑制や茎葉の枯れなど機能の違いがあるため使用方法を順守する必要がある。

表2-21 わが国の主要雑草の例

		イネ科	カヤツリグサ科	広葉雑草
水田雑草	一年生	タイヌビエ、イヌビエ、アゼガヤ	タマガヤツリ、コゴメガヤツリ、ヒデリコ、テンツキ	コナギ、アゼナ、アメリカアゼナ、アゼトウガラシ、アブノメ、オオアブノメ、キカシグサ、ヒメミソハギ、ミゾハコベ、チョウジタデ、イボクサ
	多年生	キシュウスズメノヒエ、エゾノサヤヌカグサ	マツバイ、クログワイ、ミズガヤツリ、ホタルイ、シズイ	オモダカ、ヘラオモダカ、サジオモダカ、ウリカワ、ミズハコベ、アゼムシロ、セリ、ヒルムシロ
畑地雑草	一年生	メヒシバ、ヒメイヌビエ、アキメヒシバ、オヒシバ、アキノエノコログサ、エノコログサ、スズメノテッポウ	カヤツリグサ	ツユクサ、イヌタデ、ナズナ、イヌビユ、ヒメジョオン、アオビユ、オオイヌタデ、エノキグサ、ハコベ、オオイヌノフグリ、ツメクサ、シロザ、オオツメクサ、スベリヒユ、ホトケノザ、ハハコグサ
	多年生	チガヤ	ハマスゲ	スギナ、ハルジオン、ギシギシ、オオバコ、ヨモギ、タンポポ類、スイバ、エゾノギシギシ、チドメグサ、ヤブカラシ、ワラビ、ワルナスビ、ヒルガオ、ジシバリ類、カタバミ

(『農業と環境』農文協、2018)

・水田雑草

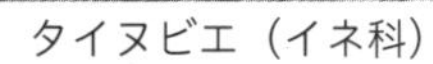
タイヌビエ（イネ科）

オモダカ（オモダカ科）

コナギ（ミズアオイ科）

・畑地雑草

メヒシバ（イネ科）

カヤツリグサ（カヤツリグサ科）

スベリヒユ（ヒユ科）

図2-15　水田雑草と畑地雑草

6. 農薬

(1) 農薬の機能

農薬取締法では、「農薬とは、農作物を害する菌、線虫、ダニ、昆虫、ネズミその他の動植物又はウイルス（以下「病害虫」と総称する。）の防除に用いられる殺菌剤、殺虫剤その他の

表2-22　農薬の種類

種類	説明
ア　殺虫剤	農作物を加害する害虫を防除する薬剤
イ　殺菌剤	農作物を加害する病気を防除する薬剤
ウ　殺虫殺菌剤	農作物の害虫、病気を同時に防除する薬剤
エ　除草剤	雑草を防除する薬剤
オ　殺そ剤	農作物を加害するノネズミなどを防除する薬剤
カ　植物成長調整剤	農作物の生育を促進したり、抑制する薬剤
キ　誘引剤	主として害虫をにおいなどでおびき寄せる薬剤
ク　展着剤	ほかの農薬と混合して用い、その農薬の付着性を高める薬剤
ケ　天敵	農作物を加害する害虫の天敵
コ　微生物剤	微生物を用いて農作物を加害する害虫病気等を防除する剤

（『農薬の基礎知識』農林水産省）

薬剤及び農作物等の生理機能の増進又は抑制に用いられる植物成長調整剤、発芽抑制剤その他の薬剤をいう。」とされている。また、農作物等の病害虫を防除するための「天敵」も農薬とみなされている。

(2) 化学組成による分類

農薬の大部分は有機化合物を成分としている。化学組成による代表的農薬成分を例示したものが表2-23である。

表2-23　農薬の化学組成の例

農薬種類	化学組成
殺虫剤	有機リン系、カーバメート系、ピレスロイド系、ネオニコチノイド系
殺菌剤	銅、有機硫黄、有機リン系、ストロビリン系
除草剤	フェノキシ系、スルホニルウレア系、尿素系、トレアジン系、カーバイド系

(3) 農薬の効果

病害虫の有効な防除方法がなかった時代には、病気や害虫の被害は甚大なものであった。例えば、わが国では享保年間にイネのウンカによる大被害の発生により多くの人が餓死した。また、外国では1845年にアイルランドで、人々の主食であるジャガイモの疫病が流行し、悲惨な飢饉が生じた。農薬を用いずに、病害虫防除対策を行わなかった場合、農作物の収穫量が大幅に減少するとの調査データもある。

(4) 農薬の形態

農薬は使用時に使いやすく均一に散布でき、防除の効果が十分に発揮できるよう、有効成分に増量剤などを加えたり、有効成分を溶剤に混ぜたりして形状を整えている。また、その形態によって液剤、粉剤、粒剤、微粒剤、ガス剤、くん煙剤、煙霧剤などに分類される。

1) 固体の製剤

【ＤＬ粉剤】………有効成分のほかに分解防止剤や帯電防止剤、増量剤などを含んだ微粉状のもの。希釈が必要ないため比較的簡単に散布できる。ドリフト（飛散）が少ないように設計されている。

【粒剤】……………有効成分のほかに結合剤や崩壊剤、増量剤などを含んだ粒状のもの。散布するときに風に乗って農薬が飛散しないよう工夫されている。

【水和剤】…………有効成分のほかに界面活性剤（物質の表面張力を低下させて農薬の有効成分を溶けやすくする働きを持つ）や増量剤などを含んだ微粉状のもの。水で薄めて使用する。薬剤を水溶性フィルムで包み、薬液の調製時に泡立たないように工夫した薬剤もある。

【顆粒水和剤】……有効成分を界面活性剤、増量剤とともに顆粒状にしたもの。水中で素早く崩壊して分散する。顆粒状のため水和剤に比べて粉立ちが少なく使いやすい。

2）液体の製剤

【乳剤】……………有効成分を界面活性剤と一緒に有機溶剤に溶かしたもの。通常、水で希釈して使用する。

【フロアブル剤】…微粒子状の固体有効成分を水に分散させたもの。薬剤の調製時に泡立ちがなく水に速やかに分散する。水田用薬剤には直接使用するタイプもある。

【エマルション】…水に溶けない有効成分や有機溶剤に溶かした液体状の有効成分を界面活性剤で微細粒子として乳化分散させたもの。この製剤は、引火性がないだけでなく、人や動物への影響も軽減されている。

表2-24　農薬の形態

製剤性状	製剤名		使用方法	
			そのまま散布	水でうすめて散布
固体	DL粉剤		○	
	粒剤		○	
	粉粒剤	微粒剤	○	
		細粒剤	○	
		水和剤		○
		顆粒水和剤		○
		顆粒水溶剤		○
		錠剤		○
液体	乳剤			○
	液剤		○	○
	油剤		○	
	フロアブル剤		○	○
	エマルション			○
	マイクロエマルション			○
	マイクロカプセル			○
	AL剤（Applicable Liquid）		○	
その他	投げ込み剤、エアゾール、ペースト剤		—	—
	くん煙剤、くん蒸剤、塗布剤、煙霧剤			

（『日本農業技術検定2級テキスト』全国農業高等学校長協会、2014）

【ＡＬ剤】…………Applicable Liquidの略。使用する濃度にあらかじめ希釈されている製剤。
少量散布する家庭園芸などで使用されている。

(5) 農薬の混合手順

農薬を混合する場合は、水になじみやすい薬剤から順番に入れる。これは先に溶かした薬剤が十分に溶けていない状態のところへ、他剤を入れて凝固や沈殿が生じるのを回避するためである。

具体的な順番は、①展着剤、②液剤・水溶剤、③乳剤・フロアブル、④水和剤の順とされている。

(6) 農薬の登録制度

農薬は、その安全性の確保を図るため、「農薬取締法」に基づき、製造、輸入から販売、そして使用にいたるすべての過程で厳しく規制されている。

農薬の登録を受けるにあたって、農薬の製造者や輸入者は、その農薬の品質や安全性を確認するための資料として病害虫などへの効果、作物への害、人への毒性、作物への残留性などに関する試験成績等を整えて、独立行政法人農林水産消費安全技術センター（FAMIC）を経由して農林水産大臣に申請する。

農薬は一定の残留基準を超えないことが求められ、審査の結果、基準を超えると判断された場合には登録が保留されることから「登録保留基準」と呼ばれ、環境大臣が定めて告示する。このうち作物残留に係る基準については、食品衛生法に基づく食品規格（残留農薬基準）が定められている場合、その基準が登録保留基準となる。

◆例題◆

農薬の散布液の希釈の順番として、最も適切なものを選びなさい。

① 水和剤 → 乳剤 → フロアブル → 水溶剤 → 展着剤
② 展着剤 → 乳剤 → フロアブル → 水和剤 → 水溶剤
③ 乳剤 → 水和剤 → 水溶剤 → フロアブル → 展着剤
④ フロアブル → 乳剤 → 水和剤 → 水溶剤 → 展着剤
⑤ 展着剤 → 水溶剤 → 乳剤 → フロアブル → 水和剤

正解　⑤

7. 総合的病害虫管理（IPM）

(1) IPMの導入

有害生物防除の手法としては、①化学合成農薬や性ホルモンなど化学的防除法、②ビニールフィルムや防虫ネット、太陽熱利用による土壌消毒などの物理的防除法、③病害に抵抗性のある品種や台木の利用、天敵利用による生物的防除法、④輪作や作物残さの除去などによる耕種的防除法がある。

総合的病害虫管理（IPM）は、多様な防除法をそれぞれの特性に応じて使い分けたり、組み合わせたりして、必要な場合にのみ最小限の化学農薬を使用する考え方である。

表2-25 総合的病害虫管理（IPM）に利用できる病害虫防除技術の例

防除方法	技術		作物	対象病害虫
生物的防除	捕食性昆虫	ナミヒメカメムシ	野菜類	ミナミキイロアザミウマ、ミカンキイロアザミウマ
		ショクガタマバエ	キュウリ	アブラムシ類
	寄生蜂	オンシツツヤコバチ	トマト	オンシツコナジラミ、タバココナジラミ
		イサイアヒメコバチ ハモグリコマユバチ	トマト	マメハモグリバエ
	捕食性ダニ類	チリカブリダニ	野菜類	ハダニ類
		ククメリスカブリダニ	野菜類	ミナミキイロアザミウマ、ミカンキイロアザミウマ
	天敵微生物	BT菌（細菌）	野菜類	りん翅目幼虫
		昆虫病原性糸状菌	野菜類	アブラムシ類
	拮抗細菌	エルビニア・カルトボーラ	ハクサイ	軟腐病
		バチルス・ズブチリス	ナス、トマト	灰色かび病
物理的防除	防ガ灯、誘ガ灯		果樹類	吸ガ類
	太陽熱消毒		野菜類	土壌病害、センチュウ類
	シルバーマルチ		野菜類	アブラムシ類
	雨よけ栽培		トマト	疫病
	紫外線カットフィルム		キュウリ	灰色かび病
耕種的防除	抵抗性品種		キャベツ	根こぶ病
	抵抗性台木		トマト	青枯れ病
	対抗植物			センチュウ
化学的防除	殺虫・殺菌剤		各種作物	病害虫、雑草
	性フェロモン※		チャ	ハマキムシ類
			キャベツ	コナガ
			果樹類	ハマキムシ類、シンクイガ

※性フェロモン製剤を含めて「生物的防除」に分類される場合もある。

（『農業と環境』農文協、2018）

天敵

害虫

アブラムシを捕食する
ヒメカメノコテントウ

ヒメカメノコテントウ
（亀甲紋型）

アブラムシ類
（ワタアブラムシ）

ヒメカメノコテントウは、幼虫・成虫ともにアブラムシ類を食べる益虫として知られている。

図2-16　害虫と天敵の一例

(2) 粘着トラップの利用

粘着トラップ設置の主目的は、害虫の発生量モニタリングと誘殺である。粘着トラップには黄色と青色の資材がある。

黄色粘着トラップでは、コナジラミ類、アブラムシ類、アザミウマ類が多く誘殺される。しかし、ハチ類など一部天敵も誘引されやすい。

青色粘着トラップでは、ミカンキイロアザミウマ、ミナミキイロアザミウマなどのアザミウマ類が多く誘殺される。

第3章　作　物

1. イネ

学　名：*Oryza*（*sativa*、*glaberrima*）L.
科　名：イネ科
原産地：インド、東南アジア、中国

(1) イネの一生

イネの生育は、たねもみの発芽から始まる。発芽後は、葉や茎（以下、「分げつ」という）が次々と発生・成長し、繁茂する。この分げつの数が最も多くなる時期を「最高分げつ期」という。

最高分げつ期を過ぎる頃から、穂の分化が始まるが、発生したすべての分げつが穂をつけるわけではなく、遅くに発生した小さい分げつは、穂をつけずに枯死（無効分げつ）する。そして生き残った分げつだけが穂をつける。出穂するまでの間の穂を「幼穂」といい、幼穂は、葉鞘に包まれた状態で発育し、やがて出穂・開花、そして受精・結実して成熟する。

イネは栄養成長期と生殖成長期がはっきりと分かれており、さらにそれらの中で育苗期、分げつ期、幼穂発育期、登熟期と生育のステージが分かれている。

「育苗期」とは、温室や苗代などで苗を育てる時期で、発芽から苗を植え付けるまでの期間をいう。

「分げつ期」とは、本田で葉や分げつを増やす時期で、苗を植え付けてから幼穂が分化するまでの期間である。分げつ期から幼穂発育期にかけて中干しを行い、無効分げつの発生を抑える。

幼穂が分化してから出穂・開花するまでの期間を幼穂発育期といい、間断かんがいや、追肥（穂肥）を行う。

出穂・開花してから成熟するまでの期間を登熟期という。

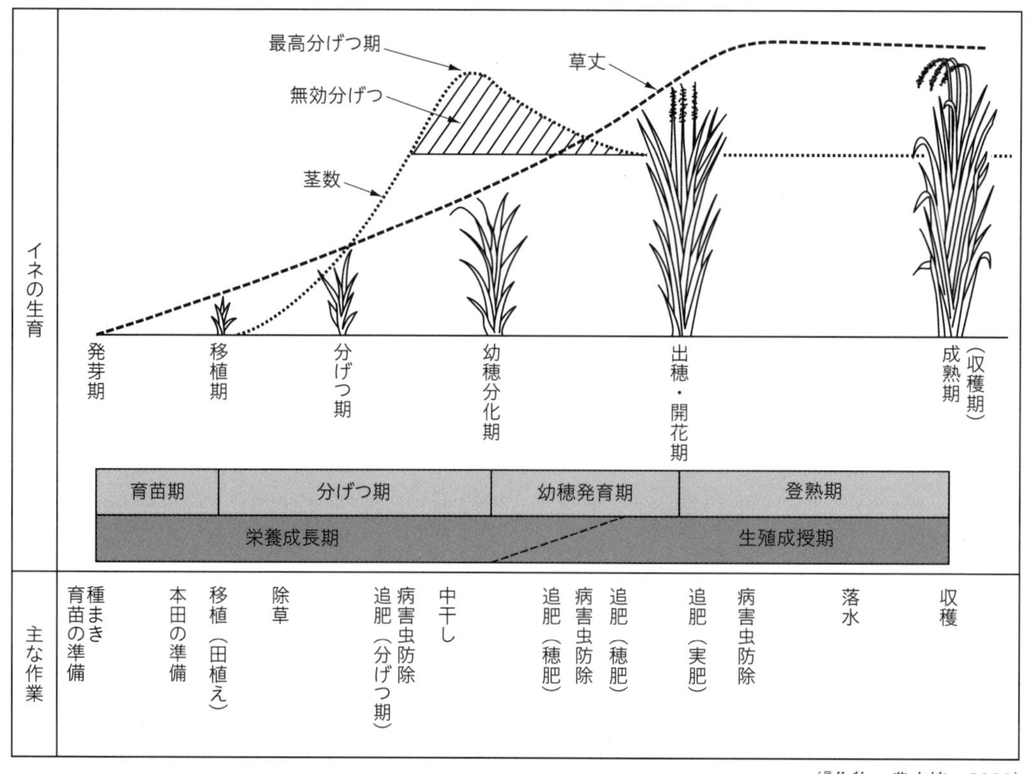

（『作物』農文協、2008）

図3-1　イネの一生と主な作業

（2）葉齢と育苗

イネの成長は葉齢で表す（図3-2）。葉齢によって苗の分類も表3-1のように変わる。イネのたねもみが発芽すると、葉身と葉鞘が発生する。イネの葉身はひとつ前の葉身の1.2倍の長さになるので、これをもとに葉齢を計算できる。例えば6葉が出始めている（＝5齢を過ぎている）ときの葉齢を計算すると以下のようになる。

- 葉齢＝｛6葉の現れている長さ÷（5葉の長さ×1.2)｝＋5

表3-1　イネの苗の種類と育苗

苗の種類	葉齢
乳苗	1.8～2.5齢
稚苗	3.0～3.5齢
中苗	4.0～5.0齢
成苗	5.0～7.0齢

（『作物』農文協、2008）

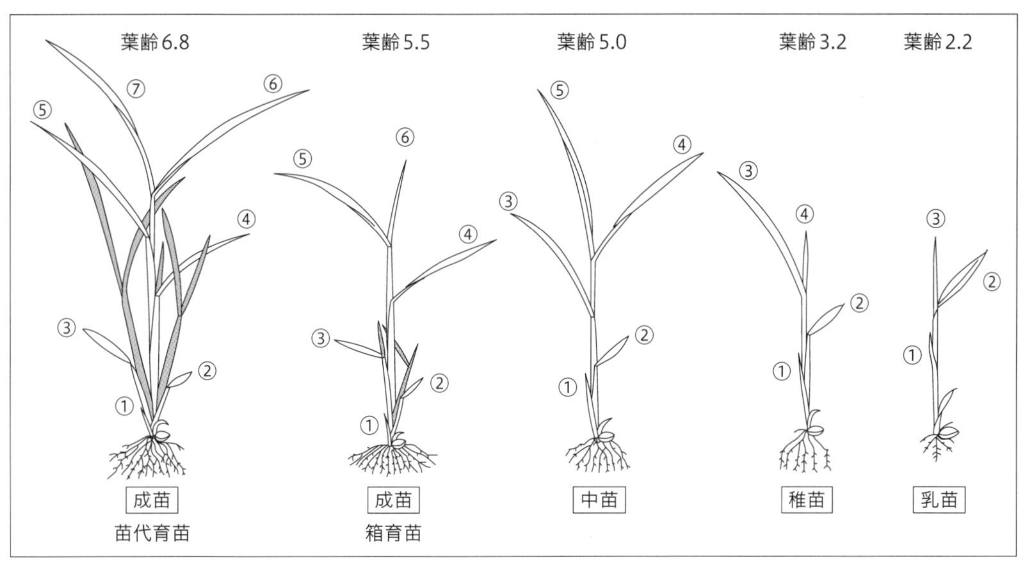

注：図中の数字は第何葉であるか、色の濃い部分は分げつを示す。

(『作物』農文協、2008)

図3-2 苗の種類

(3) 品種の特性（感温性、感光性）

イネには早生品種、中生品種、晩生品種があるが、それらの特徴を決定づけるのは感温性、感光性の影響が大きい。

「感温性」とは、作物の出穂や開花（そのもとになる幼穂や花芽の分化・発育）が温度によって影響される性質をいう。一般に感温性の高い品種では、高温で出穂、開花が促進され、低温で遅延する。

「感光性」とは、長日あるいは短日の日長条件により、生殖生育が促進したり遅延したりする性質をいう。日長に影響される程度の大きいものを感光性が高いといい、少ないものを感光性が低いという。

東北・北海道などの寒冷地では、感光性が低く感温性が高い品種が適しており、温度が上がってきたら幼穂発育に移る品種が望ましい。感光性が高いと、日長が短くなってから幼穂形成が始まるので間に合わなくなる。東北では冷害の回避を目的として品種改良が進んだ。

関東以西では、感光性が高く感温性が低い品種が適する。これは高温で幼穂形成が進むと穂数や籾数が確保できなくなるからである。

感温性、感光性は、作物によって異なるのは当然だが、同じ作物であっても品種によって異なる。

表3-2　うるち米の品種別作付割合（令和３年産）

順位	品種名	作付割合	主要産地	前年産の順位
1	コシヒカリ	33.4	新潟、茨城、栃木	1
2	ひとめぼれ	8.7	宮城、岩手、福島	2
3	ヒノヒカリ	8.4	熊本、大分、鹿児島	3
4	あきたこまち	6.8	秋田、岩手、茨城	4
5	ななつぼし	3.3	北海道	5
6	はえぬき	2.8	山形	6
7	まっしぐら	2.5	青森	7
8	キヌヒカリ	1.9	滋賀、兵庫、京都	8
9	きぬむすめ	1.7	島根、岡山、鳥取	9
10	ゆめぴりか	1.7	北海道	10
上位10品種計		71.2		
11	こしいぶき	1.5	新潟	12
12	つや姫	1.3	山形、宮城、島根	13
13	あさひの夢	1.2	群馬、栃木、茨城	11
14	夢つくし	1.0	福岡	14
15	ふさこがね	0.9	千葉	15
16	天のつぶ	0.9	福島	17
17	あいちのかおり	0.8	愛知	16
18	あきさかり	0.8	広島、徳島、福井	18
19	彩のかがやき	0.7	埼玉	19
20	とちぎの星	0.6	栃木	30
上位20品種計		80.9		

注：ラウンドの関係で計と内訳が一致しない場合がある。

（『令和３年産水稲の品種別作付動向について』（公社）米穀安定供給確保支援機構、2022）

農業技術一口メモ

ササニシキとひとめぼれ

かつて米の品種といえば東のササニシキ、西のコシヒカリが両雄といわれていたが、ササニシキが激減し、現在、宮城県ではひとめぼれが主要品種となっている。ササニシキは収量も多く、しかも作りやすく食味もいい。

品種の転換が進んだ理由は冷害。昭和55年の大冷害でコシヒカリは冷害に強かった。しかし倒れやすいため、耐倒伏性をカバーするためにひとめぼれが開発された。平成5年、大冷害に見舞われ、作況指数は東北全体で56、宮城県37だった（全国は74）。これを契機にひとめぼれの普及が県内に急速に進んだ。（ウェブサイト「宮城県米戦後秘話」を参考に作成）

(4) イネの栽培管理

イネ（水稲）の栽培方法には、直まき栽培と移植栽培がある。わが国の水稲栽培は約99％が移植栽培である。移植栽培における一般的な作業の流れは、「種もみの予措（選種、消毒、浸種、催芽）→種まき→育苗→代かき→田植え→水管理→収穫→乾燥・調製」の順で終了する。施肥や病害虫・雑草防除も、作付け前から生育期間中を通して適切に行う。

直まき栽培とは、育苗、田植えを行わず、種もみを水田に直接まく栽培法である。省力・低コストの栽培技術として注目されている。

(5) 播種（種まき）

良質な苗を育てるには、健全で充実した種もみをまくことから始まり、出芽後も適切な温度、湿度の管理を行う必要がある。

1）種もみの予措

胚乳が充実していて、病害虫に侵されていない種もみをまくために、「予措」という処理を行う。予措には、選種、消毒、浸種、催芽という処理段階がある。

【選種】…高い発芽率を保つためにも、前年に採取した種もみを使う。自家採取したものは、脱芒（ぼう）機で芒（のぎ）（もみの先端の突起）を取り除いてから選種する。代表的な選種方法としては、塩水による選別（塩水選・比重選）があげられる。うるち種では比重1.13、もち種では1.08に調整された塩水に種もみを入れ、よくかき混ぜて落ち着かせた後、沈んだものを使う。

【消毒】…現在は、薬剤による消毒と湯による消毒（温湯消毒）が行われている。薬剤による消毒では、殺虫剤と殺菌剤の混合液に種もみを1日から2日浸ける方法が一般的である。温湯消毒では専用の機械を用いることが多い。60℃の湯に10分間浸した後、素早く冷水に5分程度浸け、そのまま浸種に移行する方法が一般的である。

【浸種】…種もみを水に浸けることで吸水させ、発芽をそろえることが目的である。浸種は、吸水しても低温のため発芽できない10～13℃の水温で6日から7日かけて行うのが適切で、水温が15℃なら5日間、20℃なら3日から4日の浸種がよいとされる。

【催芽】…「芽出し」ともいう。種まき前の最終段階であり、幼芽と幼根が1mm程度出た「はと胸状態」にする。30～32℃のぬるま湯に1日浸けることで終了させる。

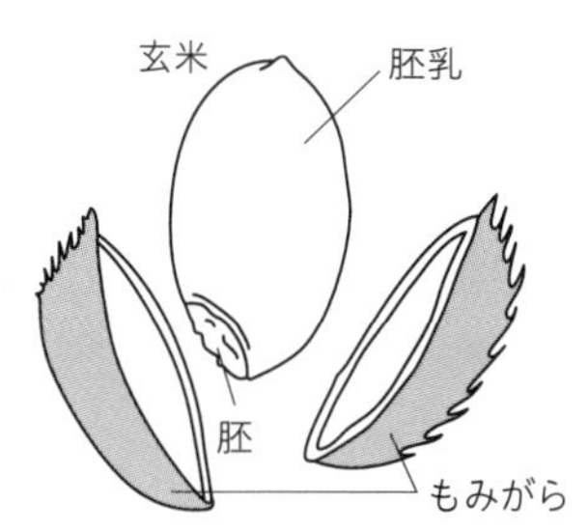

（『改訂新版 日本農業技術検定 3級 テキスト』、2020）

図3-3 種もみの構造

農業技術
一口メモ

塩水選種法

福岡県農業総合試験場（筑紫野市）の玄関前に「塩水選」の記念碑（明治2年建土）がある。明治15年に熊本県出身で同農試の横井時敬が考案した、わが国農業技術第1号である。塩水選は近くの多々良川流域の農家が実証していた技術をヒントにしたもの。横井は「塩水選のごときは性明の名に値せぬが学理の応用を実証することに意義がある」と述べたという。また、東京農業大学の創立者であるが「農学栄えて農業亡ぶ」の名句も残した。塩水選の技術は現在にも生きている変わらぬ技術である。（西尾敏彦「日本の農を拓いた先人たち」より）

福岡県農業総合試験場に建つ
塩水選種法記念碑

2）播種

一般的な作業としては、「床土を敷く→かん水する→種をまく→かん水する→覆土する」という手順になる。最初のかん水を省いたり、殺菌剤をかん注することもある。現在では、一連の作業を自動で行う自動播種機が用いられており、播種量は、中苗（催芽もみ）で1箱当たり100～130g程度、箱枚数は10a当たり20枚程度である。

なお、播種に用いる床土は、水田や畑、山の表土を利用する。採取したものをふるいにかけた後、熱や薬剤などで殺菌し、pHを5程度に調整したものを使用する。

3）直まき（直播）栽培の普及

機械移植技術の導入により直播面積は減少していたが、近年稲作の省力化・低コスト化のため直播栽培面積が増加している。直播は、畑状態で播種して出芽後に湛水（たんすい）する「乾田直播」と、代かき後の湛水状態で播種する「湛水直播」がある。乾田直播には、①裸地耕起直播と②不耕起直播（省力栽培）がある。湛水直播には、①通常の播種法、②湛水土中直播（倒伏防止）、③鉄コーティング種子利用（浮苗抑制）がある。

4）緑化・硬化

【緑化】…出芽した苗を、日光や気温に慣らすために行う。暗条件で出芽させ、幼葉鞘が1cm程度出そろったら、弱い光に2日から3日当てる。このときの温度は25℃程度がよい。緑化の終わりは、第2葉の葉身が出始める頃がよい。

【硬化】…温度を下げて成長を抑え、低温に対する抵抗力をつけるために行う。トンネルやビニールハウスの中で徐々に自然環境に慣らす。朝にかん水を行い、昼間はハウス内の温度が30℃以上になると徒長の原因となるため注意する。

◆例題◆

イネの発芽条件に関する記述として、(A)～(C)に入る語句の組み合わせが正しいものを選びなさい。

種もみが発芽するためには、種もみの重さの25%の水分吸収が必要である。吸水速度は水温条件によって異なり、水温が高いほど速く、積算温度で（　A　）℃が目安となる。また、発芽適温は30～34℃である。酸素が十分にある条件下では（　B　）が先に、酸素不足の条件下では（　C　）が先に現れる。

	A	B	C
①	約200	幼根	幼芽
②	約100	幼芽	幼根
③	約200	幼芽	幼根
④	約100	幼根	幼芽
⑤	約50	幼芽	幼根

正解　①

◆例題◆

水稲直播栽培技術に関する記述として、最も適切なものを選びなさい。

① 乾田直播は、代かき後一度落水した状態で播種する方法で、雑草の発生が少ない。
② 湛水直播は、代かき後湛水状態で播種する方法で、発芽・苗立ちが安定している。
③ 湛水土壌中直播は、過酸化石灰で被覆した種子を湛水状態の土壌中に播種する方法で、転び型倒伏しやすい。
④ 不耕起直播は、耕起せず土壌表面に種子を散播する方法で、播種作業時に降雨等の気象条件の影響を受けやすい。
⑤ 鉄コーティング直播は、鉄と焼石膏で被覆した種子を代かきした状態の土壌表面に散播する方法で、技術的に安定で、省力的、低コストで規模拡大に有効である

正解　⑤

※参考：『日本農業技術検定2級過去問題集』には具体的な出題問題と解説が収録されています（別売り）。

(6) 田植え（移植）

田植え前の本田準備には、耕起（秋耕、春耕）、あぜ塗り、施肥（元肥）、入水、代かきなどがある。田植えは乗用田植え機を用いる方法が一般的だが、歩行田植え機の利用や、作条縄、田植え定規を利用した手植えも行われている。

1）本田の準備

本田の準備は秋耕から始まる。堆肥や土壌改良資材を投入する場合も、秋から冬にかけて行い、元肥の施用や代かきは育苗期間中に行われる。

【耕起】…………秋から冬にかけて刈り株を起こし、雑草の種子などを埋没させる作業を「秋耕」という。また、春の気温が上がり始めた頃、出芽した雑草をすき込むとともに、残さを分解させるために耕す作業を「春耕」という。

【あぜ塗り】……畦畔を形づくり、漏水を防ぐために行う。現在では、機械を利用するのが一般的だが、鍬やスコップを用いて人力で行うこともある。また、畦畔シートを設置したり、黒ビニールであぜを覆い、雑草の発生を抑える工夫をする場合もある。

【施肥（元肥）】…〔→本章（7）施肥（元肥、追肥）を参照〕

【入水】…………代かきを行うために、田に水を入れる。地域により、パイプラインが整備されていたり、U字溝から水を引いたりする。代かき作業をていねいに効率よく行うには、あまり水を入れ過ぎず、田全面が軽く浸る程度が望ましい。

【代かき】………水稲栽培において最も特徴的な作業であり、水を張った田面を代かき専用ロータリ（ハロー）などで攪拌（かくはん）する。砕土と均平を兼ねた作業として1〜2回行う。漏水を防ぎ、雑草の発生を抑えるなどの効果がある。また、元肥を入れた場合には、肥料の分布を均一にする効果もある。

2）田植え

田植え機の場合、条間は約30cmで固定されているため、栽植密度は株間で調節する。一般には、1m^{2}当たり22株程度で植え付けをし、深さは3cm前後がよい。浅過ぎると浮き苗や転び苗が増え、深過ぎると初期の分げつを抑えてしまうおそれがある。土壌条件にもよるが、代かき後の土壌を落ち着かせるために、3日程度経過してから植え付けた方が、欠株も少なく、短時間で効率的に作業ができる。近年では、6条から8条植えの乗用田植え機が多く普及し、労働時間も10a当たり15分から20分と、短時間で行えるようになった。乗用田植え機を使って田植えする場合は、特に浅水にして浮き苗を防ぐ。

図3-4　乗用田植え機

（7）施肥（元肥、追肥）

イネの施肥は元肥と追肥に分けられる。元肥は春耕後から代かき時、または田植えと同時に行われる。追肥は生育に応じて施されるが、一般には穂肥（出穂前約20日）として施されることが多い。

1）元肥

元肥は、初期生育を盛んにし、分げつの発生を促すために施される。施肥方法としては全層施肥と表層施肥に分けられる。施肥量については、各都道府県で品種や地域ごとに施肥基準が設けられている。

【全層施肥】……耕起前または代かき前に肥料を施し、肥料が作土層全域に行き渡るようにすき込む。生育の傾向としては、分げつ期の中ごろから後半にかけて盛んになる。

【表層施肥】……代かき直後に肥料を施し、肥料を作土層の表層に濃く分布させる。生育の傾向としては、分げつ期の前半で盛んになる。なお、施肥機付き田植え機を利用して、田植えと同時に苗の側条約3cmの位置に施肥する側条施肥も現在広く普及している。側条施肥では、肥効が現れる期間をコントロールできる被覆肥料が用いられることが多い。

2）追肥

追肥は、生育期間中に、イネの生育状況に応じて栄養状態の改善を図り、収量を向上させるために施される。追肥には、効果が早く現れる速効性肥料が使われることが多い。また、成分としては窒素が中心で、1回に施す量は、成分で10a当たり0.5～2.0kgの範囲が適切である。

追肥も元肥と同じく、各都道府県の施肥基準を参考にするとよい。

【活着肥】………田植え直後に表層に施す。活着促進が狙いであるが、元肥が十分であれば行う必要はない。

【分げつ肥】……活着後の分げつや葉面積を増やすために施す。効き過ぎると過繁茂の原因となる。目安は田植え後15日から25日。

【つなぎ肥】……有効茎を確保した後、窒素不足を補うために施す。目安は最高分げつ期から出穂前40日。

【穂肥】…………もみ数の増加と登熟歩合の向上に効果がある。一般には窒素とカリが施される。目安は出穂前25日から20日。

【実肥】…………登熟歩合の向上と千粒重の増加に効果がある。しかし、効き過ぎると米の窒素含有率が上がり、食味が低下するおそれがある。

◆例題◆

イネの元肥施肥で窒素利用効率が最も高くなる種類と施肥方法に関する説明として、最も適切なものを選びなさい。

① 元肥には被覆尿素を用いて、表面施肥を行った。
② 元肥には硫安を用いて、表面施肥を行った。
③ 元肥には被覆尿素を用いて、側条施肥を行った。
④ 元肥には硫安を用いて、側条施肥を行った。
⑤ 元肥には被覆尿素を用いて、全層施肥を行った。

正解 ③

(8) 本田の水管理

水田は栽培ステージに応じて、深水・浅水・中干し・間断かんがい・落水などの操作を行うが、必要な用水量の計算には「減水深」という概念がある。減水深は蒸発散浸透量で蒸発散量と浸透量からなり、1日当たりの水深（mm/日）で表す。

1）水田土壌の構造

水を入れて代かきされた水田の土壌は、作土の表面部分の赤褐色または黄褐色の酸性層と、下層の酸素不足により鉄が第一鉄化合物となって青灰色になる還元層からなる。

肥料として与えられたアンモニア態の窒素は、酸化層では硝酸態となり、これが下層に移動すると還元されて窒素ガスとなり大気中に放出される。したがって、アンモニア態窒素肥料は表層施肥すると無駄になる。

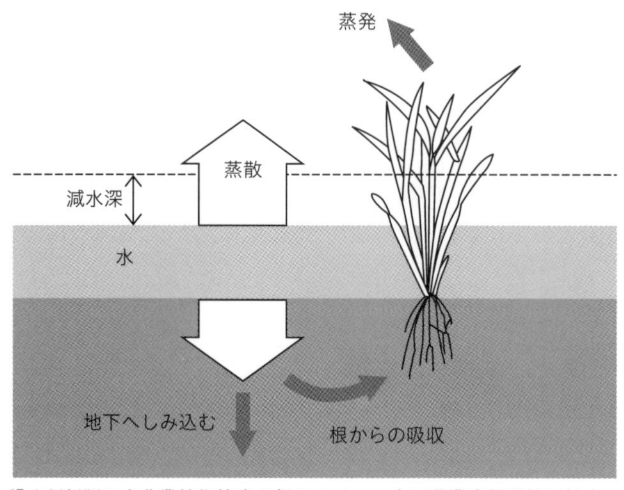

（『改訂新版日本農業技術検定 3級テキスト』全国農業高等学校長協会、2020）

図3-5 水のゆくえと減水深

農業技術 一口メモ

戦後の食糧危機を救った水稲農林1号

「農林○号」という命名法は大正14年から始まったが、最初に付いた水稲1号は昭和6年、新潟農試の並河成資技師が育成したものである。農林1号は戦後の昭和21、22年頃の食糧危機に北陸から早場米として国民を救った。農林1号はその後のコシヒカリ、ひとめぼれなどの主用品種へとつながった。(西尾敏彦「日本の農を拓いた先人たち」より)

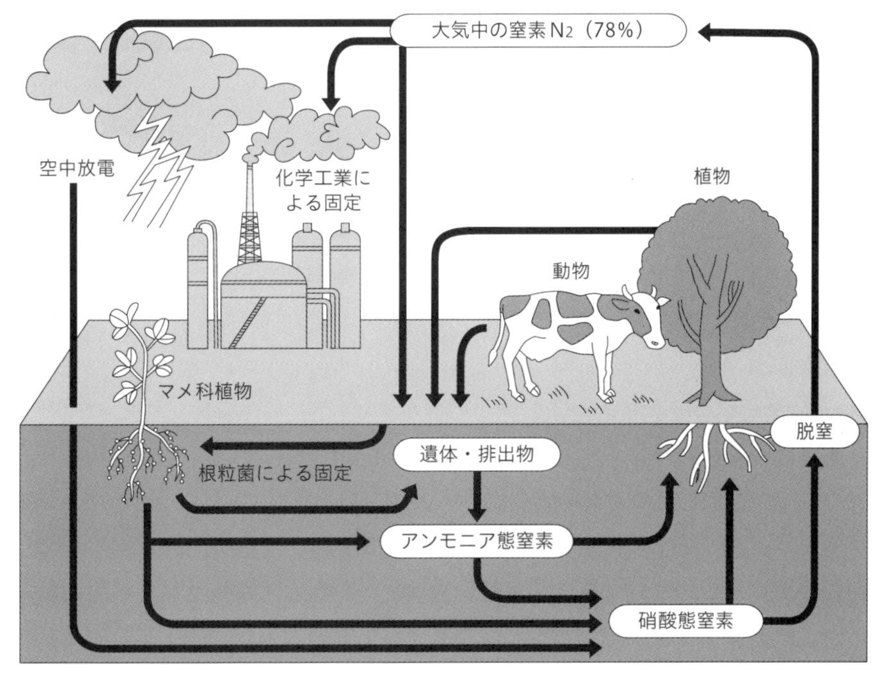

(『改訂新版 日本農業技術検定 3級テキスト』全国農業高等学校長協会、2020)

図3-6 窒素循環

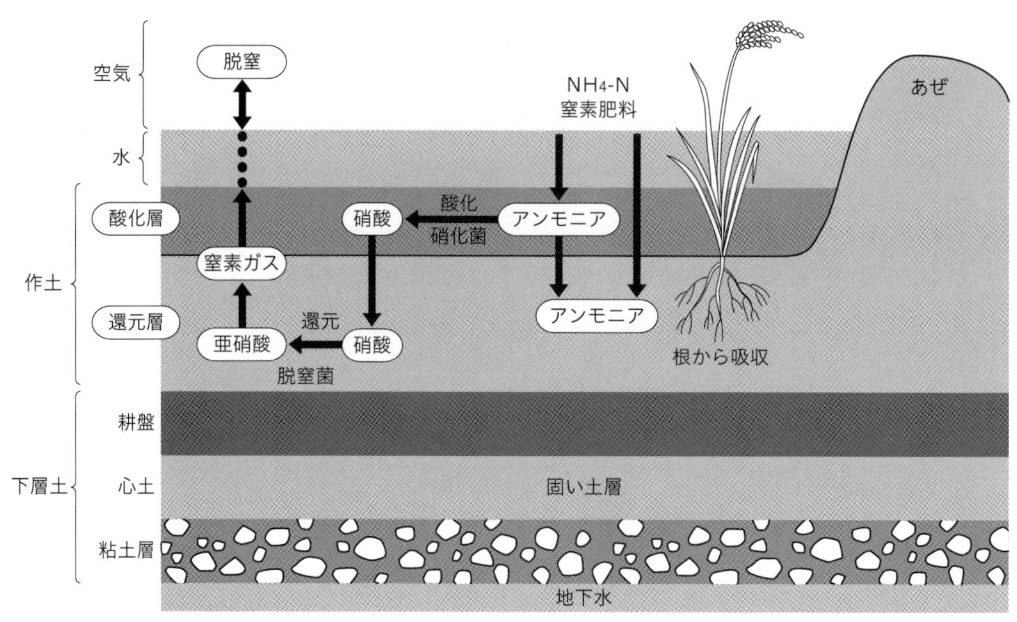

(『改訂新版 日本農業技術検定 3級テキスト』全国農業高等学校長協会、2020)

図3-7　水田の土壌の構造と窒素肥料の変化

2）水田の水管理の一例

イネの生育段階に応じた効果的な水管理の一例を示す。

【植え付け直後の水管理】…イネが水没しない程度の深水（6cm程度）で管理することで、まだ活着していないイネ体内からの水分損失を防ぐ。

【活着後から分げつ期における水管理】…浅水（2cm程度）にして、分げつの発生を促す。

【分げつ期（後期）から幼穂分化期における水管理】…田から水を抜き、土表面に亀裂が出るまで干す管理が行われ、これを「中干し」という。中干しの効果としては、「無効分げつ（穂がつかない分げつ）の発生を抑える」「土中の有害物質の生成を抑えてイネの根を健全に保つ」「地耐力を高めて、コンバインなど大型機械での作業をしやすくする」などがあげられる。

【中干し以降の水管理】…湛水と落水を繰り返す間断かんがいが行われる。適度に土中を酸化状態にすることで、根の活力を維持することが目的である。

【出穂・開花期の水管理】…出穂・開花期には、受精を正常に行わせ、登熟歩合を高める目的で浅水とする。以後、登熟期間中は再び間断かんがいを行い、収穫前15日程度を目安に落水する（収穫作業に差し支えない範囲で、落水は遅い方がよい）。

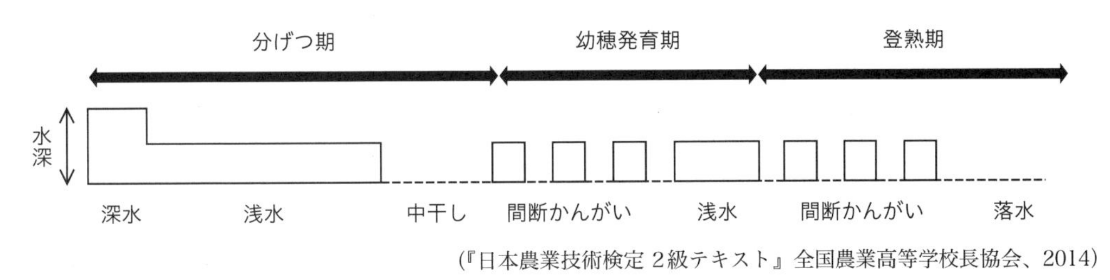

(『日本農業技術検定 2級テキスト』全国農業高等学校長協会、2014)

図3-8 水田における一般的な水管理

3) かけ流しかんがい

近年、温暖化の影響から高温による生育障害が問題となっている。これを回避・軽減するため、幼穂分化期以降は排水溝を開けた状態にして入水する。このようなかんがい方法を「かけ流しかんがい」という。高温が懸念される場合、水田の温度を低下させることで、幼穂発育期から登熟期の生育を順調に進ませる効果が期待できる。

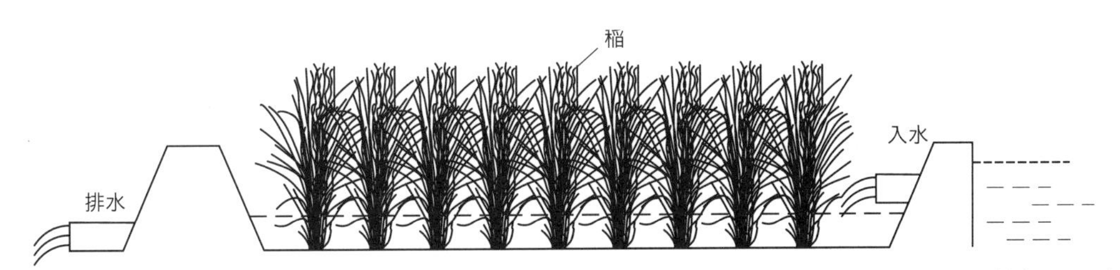

(『日本農業技術検定 2級テキスト』全国農業高等学校長協会、2014)

図3-9 かけ流しかんがい(入水から排水までを示した水田の横断図)

◆例題◆

水田の水管理として、最も適切なものを選びなさい。

① 深水管理は、田植え直後に苗が水没する程度の水深とする方法である。
② 一般に、最終的な落水は、収穫前日が理想である。
③ 間断かんがいは、田植え直後に湛水と落水を繰り返す方法である。
④ 穂ばらみ期、出穂開花期には水不足が穎花数の減少や稔実障害を起こすので、湛水管理とする。
⑤ 中干しは、土中の肥料成分の分解を促したり土壌の還元化を抑制したりするため、田植え2週間後くらいでイネが活着したらすぐに行うのがよい。

正解 ④

(9) 雑草防除と病害虫防除

雑草防除では除草剤を使用した化学的防除が一般的である。そのほか、雑草が育ちにくい環境を作る生態的防除や有用生物を利用した生物的防除、除草機を利用した機械的防除も行われている。病害虫は発生を予測して、または発生時に適切に防除を行う。

1) 雑草防除

雑草防除の方法は化学的防除、生態的防除、生物的防除、機械的防除に分けられる。近年、環境への影響や食の安心・安全への関心が高まりつつある中、除草剤を使わない、または軽減した栽培法が注目を集めている。

【化学的防除】…初期一発型の除草剤が多く使われている。移植時から移植後20日程度の期間にこの除草剤を使用することで、イネ栽培期間を通してほとんどの雑草防除が可能となる。最近は、少量で効果の高い除草剤も普及しており、労働力削減に大きく貢献している。

【生態的防除】…湛水状態にすることで、畑雑草の発生を抑える。一般には、ほかの防除法と組み合わせて行われる。

【生物的防除】…有用生物による防除。移植直後の水田にアイガモを放飼して雑草を食べさせる方法や、カブトエビの攪拌行動により雑草を浮かせて防除する方法などがある。

【機械的防除】…手で雑草を抜き取り水田の外へ出す、または土中へ埋め込む方法や、除草機を用いて表土をかき回し雑草を浮かせる方法などがある。

2) 病害虫防除

主要なイネの病気には、いもち病、ごま葉枯れ病、紋枯れ病、縞(しま)葉枯れ病、苗立枯れ病、萎(い)縮病、白葉枯れ病、ばか苗病など約20種がある。

いもち病は発病する部位により苗いもち、葉いもち、穂いもちなどと呼ばれる。曇雨天が続き、日照不足、多湿、密植、多窒素施肥で発生しやすい。

イネの害虫は多いが、主要なものとして、メイチュウ類、ウンカ類、ヨコバイ類、ハモグリバエ類、カメムシ類、イネミズゾウムシなど約30～40種がある。

メイチュウ類はニカメイチュウやサンカメイチュウがあり、分けつ期から出穂期にかけて葉鞘や茎を食害する。ウンカ類、ヨコバイ類は茎葉から汁液を吸って害を及ぼしウイルス病などを媒介する。

近年、スクミリンゴガイ(ジャンボタニシ)の発生も多くみられ、防除法についてはガイドラインも出ている。

病害虫による被害を防ぐためには、病害虫に侵されにくい健全なイネを育てることや、抵抗性の強い品種を選ぶことが重要である。薬剤を用いるときは、病害虫の種類を確認したうえで適切に適量を散布する。被害を最小限に抑えるため、都道府県から出される「病害虫発生予察情報」なども参考にするとよい。

化学的防除では殺虫剤や殺菌剤を散布する。また、これらを混合させて散布する方法も用いられている。一般には、種子消毒、苗段階での病害虫防除（いもち病、ばか苗病、苗立ち枯れ病、イネシンガレセンチュウなど）、田植え時の害虫防除（イネミズゾウムシ、ウンカ・ヨコバイ類など）、本田での生育期間中の病害虫防除（いもち病、紋枯れ病、白葉枯れ病、イネアオムシ、イネツトムシ、カメムシ類など）というように、各生育段階において必要に応じて使用される。

図3-10 いもち病

図3-11 イネミズゾウムシ

図3-12 ツマグロヨコバイ

図3-13 スクミリンゴガイ（ジャンボタニシ）の卵

◆例題◆

水稲に被害を及ぼすミズアオイ科の雑草として、正しいものを選びなさい。

正解　①

◆例題◆

イネのいもち病について次の文の（ Ａ ）～（ Ｃ ）に入る語句として、最も適切な組み合わせを選びなさい。

「いもち病は、曇雨天が続くようなときに追肥などにより（ Ａ ）となったとき、または（ Ｂ ）で通気性が悪い状況で発生しやすい。また、いもち病には葉もち、穂もちなどがあり、（ Ｃ ）をする。」

	(A)	(B)	(C)
①	リン酸過剰	疎植	土壌伝染
②	窒素過剰	密植	種子伝染
③	カリ過剰	疎植	空気伝染
④	窒素過剰	密植	水媒伝染
⑤	カリ過剰	密植	空気伝染

正解　②

◆例題◆

作物と代表的な害虫の組み合わせとして、最も適切なものを選びなさい。

	イネ	ダイズ	トウモロコシ	ジャガイモ
①	ニジュウヤホシテントウ	アワノメイガ	コガネムシ	マメシンクイガ
②	ニカメイガ	マメシンクイガ	アワノメイガ	ニジュウヤホシテントウ
③	アワノメイガ	マメシンクイガ	ニジュウヤホシテントウ	ニカメイガ
④	コガネムシ	ジャガイモガ	ジャガイモマメシンクイガ	ニジュウヤホシテントウ
⑤	ニカメイガ	マメシンクイガ	アワノメイガ	コガネムシ

正解 ②

(10) 収穫・調整作業

イネは適期を適切に判断して収穫することが重要である。収穫作業では、自脱型コンバインが広く使われている。調製作業は、ライスセンタやカントリーエレベータで行われているが、自家調製する生産農家も多い。

1) 収穫

適期収穫が高収量・高品質・良食味のポイントである。現在は、コンバインを利用した機械による収穫が一般的である。地耐力を確認したうえで、もみがよく乾いた時間に収穫することが作業ロスをなくし、効率的に作業を進めるために大切となる。ほ場条件などによっては、バインダや手作業で行うこともある。

【自脱型コンバインによる収穫】…自脱型コンバインは、刈り取りと脱穀を同時に行うことができ、必要に応じてわらを結束することもできる。稲株を2条から6条の幅で刈り取るが、最近では7条刈りのコンバインも登場している。

【バインダによる収穫】…自走式の歩行型収穫機械で、刈り取りと結束をする。刈り取った稲株は、はさ掛けなどで自然乾燥させてから脱穀機を用いて脱穀する。

【鎌による収穫】…専用のイネ刈り鎌(刃がのこぎり状になったもの)を使用する。

2) 収量構成要素

イネの単位面積当たりの収量は次の式で表される。

「単位面積当たりの玄米収量＝単位面積当たりの植え付け株数×平均1株穂数×平均1穂籾数×登熟歩合(精籾数÷総もみ数の割合)×玄米1粒重」

3）乾燥・調製

収穫時のもみは22〜25％程度の水分を含んでおり、保存性を高めるためには15％程度まで乾燥させる必要がある。そして、もみがらを剥ぎ取って玄米にするもみすりをした後、整粒と屑（くず）粒を選別して包装する。

【機械乾燥】……穀物乾燥機で行う。熱風により短時間で乾燥され、乾燥ムラも少ない。ただし、水分を多く含んだもみを高温で急激に乾燥すると胴割れ米などが発生しやすくなる。現在は、循環式乾燥機が最も多く使われ、遠赤外線を利用した高性能の乾燥機も一般化している。

【自然乾燥】……はさ掛けや地干しなどによる天日乾燥も行われている。乾燥が不均一になることや、天候により乾燥期間が不安定になるなどの問題もある。

【調製作業】……もみすりと選別に分けられる。もみすりとは、もみがらを剥ぎ取って玄米を取り出す作業。選別とは、取り出された玄米のうち、屑米を除去する作業である。もみすりではもみすり機、選別ではグレイダーや色彩選別機などの粒選別機が用いられる。

図3-14　自脱式コンバイン

(11) 水稲の検査規格

1）水稲うるち玄米

表3-3　水稲うるち玄米の品位

	最低限度		最高限度						
				被害粒、死米、着色粒、異種穀粒及び異物					
	整粒（%）	形質	水分（%）	計（%）	死米（%）	着色粒（%）	異種穀粒（%）	異物（%）
1等	70	1等標準品	15	15	7	0.1	0.4	0.2
2等	60	2等標準品	15	20	10	0.3	0.8	0.4
3等	45	3等標準品	15	30	20	0.7	1.7	0.6

規格外：1等から3等までのそれぞれの品位に適合しない玄米であって、異種穀粒及び異物を50％以上混入していないもの。

（『玄米の検査規格』農林水産省）

2）飼料用玄米

表3-4 飼料用玄米の品位

	最高限度					
	水分（%）	被害粒（%）	異種穀粒			異物（%）
			もみ（%）	麦（%）	もみ及び麦を除いたもの（%）	
合格	15	25	3	1	1	1

規格外：合格の品位に適合しない玄米であって、異種穀粒及び異物を50%以上混入していないもの。

（『玄米の検査規格』農林水産省）

3）玄米の形と色（完全米と不完全米）

完全米と不完全米があるが、不完全米が多いと等級が下がり、とう精歩どまり（90～92%）を下げる。

表3-5 不完全米

腹白米（はらじろまい）	腹部が白い
背白米（せじろまい）	背側が白い
心白米（しんぱくまい）	中心部が白い
乳白米（にゅうはくまい）	全体的に白い
青米（あおまい）	果皮の葉緑素が残っている
茶米（ちゃまい）（さび米）、焼米（やけまい）	登熟中に傷がついて、菌が繁殖した
しいな、死米（しにまい）	登熟初期や後期に実りが悪くなる
同割れ米（どうわれまい）	刈り取りが遅れて雨にあたると増える

◆例題◆

イネの収穫・調製に関する記述として、最も適切なものを選びなさい。

① イネの刈り取りのほとんどを普通型コンバインで行う。
② もみを長期保存するために、水分含量を20%程度まで乾燥させる。
③ もみの乾燥は火力通風乾燥機を用い、40℃以上の高温で急激に乾燥させる。
④ もみすりや玄米を選別する作業を調製という。
⑤ もみすり歩合は重量で50～60%、容量で80～85%である。

正解 ④

コラム　飼料用イネと雑草イネ

家畜飼料用イネは、多収を目的に多肥栽培されるので耐倒伏性で耐虫性が強い品種が求められる。飼料米専用品種は主食用品種に比べて1粒当たりの粒が大きいので箱当たりの重量は1～2割多くなる。追肥や水管理、除草対策などは主食用と同様であるが外観品質にこだわらない。

雑草イネは、形態や生育特性が栽培イネと似ているため排除しにくく水田の強害雑草として大きな被害をもたらしている。対策として、田畑輪換は有力である。農業・食品産業技術総合研究機構（農研機構）などから対策マニュアルが発行されている。

◆例題◆

飼料用イネ栽培に関する説明として、最も適切なものを選びなさい。

① 吸肥性が強く、肥料は食用イネの半量以下にする。
② 家畜の嗜好性を良くするために出穂後の追肥はしない。
③ 肥料の吸収を抑制させないよう中干しはしない。
④ もみ千粒重の重い品種が多いため、播種量は多めにする。
⑤ 除草剤等の農薬は食用イネと同様に使用できる。

正解　④

◆例題◆

雑草イネの防除に関する記述として、最も適切なものを選びなさい。

① 有効な登録除草剤はない。
② 早植えすることにより被害を軽減できる。
③ 田畑輪換は効果が高い。
④ 収穫後の石灰窒素の散布は効果が低い。
⑤ 直まき栽培より移植栽培で被害が大きい。

正解　③

農業技術
一口メモ

農業分野におけるドローンの利活用に向けた取り組み

農業の現場では、農薬散布や作物の生育状況のセンシングなど様々な目的でドローンの利活用が進んでいる。特に零細ほ場や傾斜地など、日本の農業が抱える課題に対応し、農薬散布や病害虫の管理などで作業効率を高めると期待されている。

ドローンの飛行については、

- 航空法に基づく規制（航空機の航行の安全に影響を及ぼす恐れのある空域や空港等の周辺の上空150 m以上の空域、人又は家屋の密集している地域の上空）
- 飛行方法（日の出から日没飛行、目視による常時監視）

などの取り決めがある。

2. 麦類

学　名：*Triticum aestivum* L.（普通コムギ）
科　名：イネ科
原産地：西アジアもしくは地中海周辺

(1) ムギの種類と品種特性

1) 種類

麦類にはコムギ、オオムギ、エンバク、ライムギの4種がある。コムギは普通系のパンコムギが大半で、ほかに2粒系のデュラムコムギがある。日本で栽培されるコムギはめん用が多いがパン用もある。日本で生産されるオオムギはビールやウイスキーの原料のほか、食用や味噌、麦茶にも利用されている。2条オオムギはビール用、食用は2条オオムギのほか、6条カワムギ、ハダカムギが用いられる。

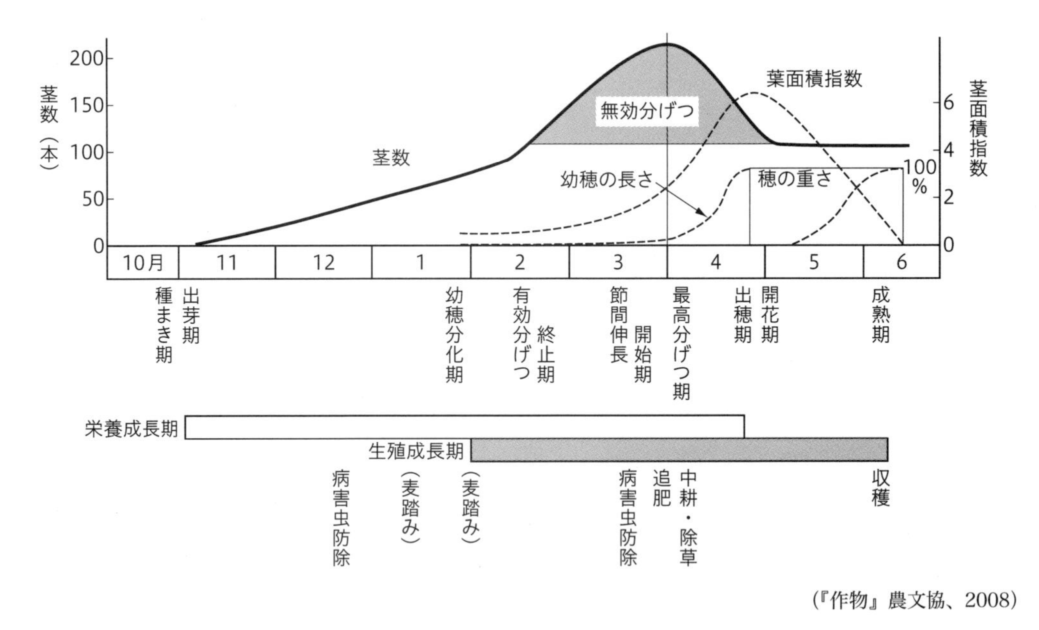

（『作物』農文協、2008）

図3-15　コムギの生育経過と主な作業（関東地方を対象とした。茎数は0.3m²当たりの数を示す）

2) 品種の特性と秋まき性程度指標

麦類の主要品種と主要栽培地は表3-6のとおりだが、麦類は発芽してから一定程度低温にあう必要があり、この花芽の分化に求められる低温の必要程度を「秋まき性程度」という。冬の寒さに長時間あうことで穂が出るものを秋まき性程度の高い品種といい、逆に、播種した後、寒さにあわなくても穂が出るものを秋まき性程度の低い品種という。秋まき性程度の指標はⅠからⅦの区分に分かれ、それぞれの品種ごとに、いずれかに分類される。

表3-6 麦類の主な品種

種類	品種名	秋まき性程度	主な生産地
コムギ	きたほなみ	VI	北海道
	さとのそら	IV	群馬、埼玉、茨城
	シロガネコムギ	II	佐賀、福岡、熊本
	チクゴイズミ	I～II	福岡、佐賀、熊本、大分
	春よ恋	I	北海道
	ゆめちから	VI	北海道
オオムギ（六条）	ファイバースノウ	IV	福井、富山、滋賀、石川
	シュンライ	I～II	栃木、群馬、宮城
	カシマゴール	I	茨城
オオムギ（二条）	サチホゴールデン	I	佐賀
	はるか二条	I	佐賀、福岡、長崎
	はるしずく	I	熊本、熊本
オオムギ（ハダカ）	イチバンボシ	V	香川、福岡
	トヨノカゼ	V	大分、山口
	キラリモチ	I	茨城、岡山、埼玉

（『作物』実教出版、2016を参考に作成）

◆例題◆

麦類の一般的な特性について、最も適切なものを選びなさい。

① 耐寒性に対して、オオムギはコムギより弱い。
② 土壌のやせ地に対して、オオムギはコムギより強い。
③ 土壌の酸性に対して、オオムギはコムギより強い。
④ 土壌の乾湿に対して、オオムギはコムギより強い。
⑤ オオムギはコムギより収穫適期が遅い。

正解 ①

◆例題◆

麦類の栽培に関する説明として、最も適切なものを選びなさい。

① 連作しても土壌病害の発生や収量低下は見られず、連作しやすい作物である。
② 寒地では、秋まき性の高い品種が栽培される。
③ 冷涼な気候を好むので、播種は気温が3℃くらいまで下がった頃が適期である。
④ 一般に、元肥を十分施用すれば、追肥は省略しても収量は変わらない。
⑤ 播種の深さは、生育や収量への影響が小さいので、あまり気にする必要はない。

正解 ②

◆例題◆

コムギにおける秋播性品種を春にまくと、栄養成長は盛んになるが、穂は分化せずにそのまま夏に枯れてしまう現象として、最も適切なものを選びなさい。

① 秋播性程度
② 座止現象
③ キセニア現象
④ 秋落ち現象
⑤ 麦踏み

正解 ②

(2) 栽培の準備と播種（種まき）

麦類の播種前の準備には、種子の準備（選種、消毒）とほ場の準備（排水対策、施肥、耕起）がある。また、播種には、点まき、散まき、ドリルまきなどの方法がある。

1）種子の準備

胚乳の充実したよい種子を選ぶためには、イネと同じく塩水選を行うとよい。次に、種子伝染性の病害を防ぐために種子消毒を行う。

【選種】…………塩水選では、比重1.22（g/cm^3）（カワムギは1.12程度）の塩水に種を入れ、よくかき混ぜた後、落ち着かせてから沈んだ種を播種用とする。唐箕（とうみ）を使った風選も行われている。

【種子消毒】……裸黒穂病、なまぐさ黒穂病などの病気は種子伝染するため、種子消毒で予防し、その方法には、湯による温湯浸法と薬剤消毒がある。温湯浸法は、45〜47℃の湯に種を約10時間浸けた後、よく水を切って陰干しする。薬剤消毒には、希釈した薬液に浸ける方法と、粉剤を種子にまぶす方法がある。

2）ほ場の準備

水田裏作としてコムギを作付けする場合、排水対策を必ず行う。また、前作（イネ）の刈り株などの残さをすき込み、出芽を促すために土塊を細かく耕起する。

【排水対策】……コムギをはじめ、麦類は湿害を受けやすいため、イネの収穫後に、弾丸暗渠(きょ)を引いたり、ほ場周りの溝切りをするなど排水対策を欠かさず行う。うね立てをしてもよいが、機械による収穫作業では作業効率が悪くなるため、あまり行われていない。

3）播種

コムギの播種にはいろいろな方法がある。これは、コムギが冬作物のため、生育初期における除草作業の手間が比較的かからないことによる。さらに、除草剤や収穫機械の普及によるところも大きい。しかし、密植にし過ぎると稈(かん)（イネ科植物などの茎）は細くなり、倒伏の危険性が高まり、病害にも侵されやすくなる。そのため播種量は10a当たり8～10kg程度（北海道ではドリルまきで10～14kg、西日本ではドリルまきで7～9kg）にして、栽植密度を適正に保つ。

【点まき】………うね間と株間を一定間隔に保つ方法。株同士の養水分や光などの競合が少なく、1株当たりの生育は良好となるが、雑草の発生も多く、除草作業に手間がかかる場合が多い。

【散まき】………ばらまきともいう。散粒機などでまくため作業は比較的容易であるが、ほ場全体でみると播種の密度が不均一になりやすい。

【ドリルまき】…現在、最も多く行われている方法である。ドリルシーダーを用いて、6～8条の溝を切りながら、施肥、播種、覆土、鎮圧の工程を一度に行う。うね間は15～25cmで、深さは3～4cmが一般的である。最近では、除草剤散布も工程に含めて作業できる機械も普及している。

近代的な大規模栽培で行われている方法で、海外でも広く採用されている。なお、海外では一度に20条も播種できる大型機械も用いられる。

（3）施肥

「イネは地力でとり、ムギは肥料でとる」といわれるほど、麦類の収量には施肥が大きく影響する。コムギでは一般に元肥と追肥に分けて施すが、冬の間は生育が停滞し肥料をあまり吸収しないので、追肥に重点を置く方が効果的である。

1）元肥

生涯成分量で、10a当たり窒素、リン酸、カリそれぞれ8～10kgである。リン酸とカリは土壌流亡が少ないため、元肥で全量を施す。元肥と追肥の割合は、関東地方より北では7：3程度、東海地方より西では、肥料が流亡しやすい土壌のため4：6程度とする。

【土壌改良】……酸性にかたよった土壌で栽培する場合は、石灰を散布して酸度を矯正する。
【有機物の施用】…土壌物理性の改善や土壌有用微生物の増殖、地力の上昇などの効果がある。完熟堆肥を10a当たり1～2t投入することが望ましい。しかし、水田裏作の場合、イネを収穫してからコムギの播種を行うまでの時間が短いため、作業内容の時間的調整が難しい。
【元肥】…………大規模栽培の場合、ブロードキャスタを用いて化成肥料を散布する。その後、数回耕起するため、全層施肥が一般的である。コムギは、冬季は緩やかに生育するため、その期間には肥料をあまり吸収しない。したがって、元肥よりも、生育状況を観察しながら施す追肥に重点を置いた施肥設計の方が効果的である。

2）追肥

生育期間中に2回から3回追肥する。生育初期の追肥には、分げつを増やして増収を図る効果があり、生育後期の追肥には、子実の品質を調整する効果がある。ただし、追肥は過剰に施すと倒伏や病害の原因になるため、その年の生育状況にあわせて行う。
【分げつ肥】……分げつの発生を促し、穂数を確保するために行う。ドリルまきでは穂数を得るのが容易なため、分げつ肥を施すことは少ない。しかし、出芽状況が悪く、十分な穂数が得られそうもないときなどは施すとよい。
【穂肥】…………1穂粒数を増やすために行う。幼穂長1mm程度の出穂前50日から40日頃が目安。
【実肥】…………千粒重を高めるために行う（穂ぞろい期）。ただし、この時期の追肥は成熟を遅らせることもあるため、施肥量に注意する。

3）生育から判断する施肥効果

葉色や葉面積により、高収量が期待できそうかをおおむね判断する方法がある。
【葉色】…………葉身の窒素濃度と葉色には関係があり、葉色で追肥時期が判断できる。測定には葉緑素計を用いることが多い。
【葉面積】………止め葉から数えて3葉目を大きくするか、上位4節から5節の葉を大きくすることが、穂を大きくして収量を高めることにつながる。

（4）麦類（コムギ）の栽培

麦類の栽培作業の特徴としては、ムギ踏み（踏圧）がある。また、収穫作業は日本では自脱型コンバインが主流だが、北海道の大規模経営体や外国においては普通型コンバインが用いられている。病害対策としては、抵抗性品種を用いること、種子消毒を行うことが重要である。一方、冬作物であるため、害虫による被害は比較的少なく、ほとんど心配はないが、北海道ではハリガネムシやアブラムシ類が発生しやすい。

1）ムギ踏みと土入れ

ムギ踏みはムギ特有の栽培技術であり、日本の麦作で発達した独特な生育調節作業の１つである。地域によっても異なるが、12月後半頃の幼苗期から翌春の茎立ちまでの間に2、3回行われる。

分げつを増やすことで、草丈の伸長を抑えて倒伏を防ぐ。さらに、霜柱による株の浮き上がりを防ぐ。耐寒性や耐干性を高めるなどの効果がある。

ムギ踏みの方法としては、昔は足で踏んでいたが、現在はローラーで鎮圧するのが一般的である。

土入れ（培土）は、出穂前25～20日に、株元に土を寄せたり株全体にうね間の土をかけたりする作業である。株の受光態勢をよくしたり、倒伏を防止したりする効果がある。また、水田では、湿害防止にも効果がある。

図3-16 小麦の倒伏

2）収穫・乾燥・調製

日本では、北海道を除いて収穫時期が梅雨入りの時期と重なるため天候に左右されることが多い。雨が予想されるときは、適期の数日前でも収穫する。

コンバインで収穫すると脱穀の工程で内・外えいなども同時に剥ぎ取られるため、調製でのいわゆる「もみすり」が不要となる。乾燥は、穀物乾燥機が一般に用いられる。

【収穫適期】……コムギの成熟は開花後40日前後で完了するが、コンバインによる収穫では、穀粒の水分含量が30％以下になってから行う方が、作業効率や品質確保の面からも望ましい。また、品種によっては、雨に当たると穂発芽を起こしやすいものがあるため、適期を迎えたコムギは速やかに収穫する。

【乾燥・調製】…コンバインで収穫された穀粒は、水分12.5％以下になるまで乾燥させる。乾燥には循環型の穀物乾燥機が広く利用される。乾燥時の温度は37℃から40℃が望ましく、穀粒の水分含量が1時間で1％程度減少するよう調節した方が、品質保持の面からもよい。調製では、乾燥が完了した穀粒を2mm程度の目のふるいで選別する。一般に粒選別機が利用される。コムギは品質管理が厳しく、小麦粉の用途に合ったタンパク質含有率であるかどうかが厳しく求められる。そのほかに容積重、穂発芽の有無、赤かび病の有無などが検査される。なお、貯蔵中の適温は12～13℃とされ、高温・多湿条件で貯蔵するとバクガ（幼虫）が発生し、穀粒を食害する可能性がある。

3）病害防除

北海道・東北地方などの寒冷・積雪地帯では、雪腐病、赤さび病の発生が特に多い。東海より西の暖地では赤かび病が多い。

【さび病】………赤さび病、黒さび病、黄さび病がある。さび病は、世界的に最も発生している病気。対策として、耐病性品種を用いることや殺菌剤を散布することなどがある。

【赤かび病】……発病した茎葉、小実を人間や家畜が食べると中毒を起こす危険があるため、日本では厳しく品質管理されている。対策としては、開花期の殺菌剤散布が効果的である。

表3-7　コムギの主な病害虫

病害虫	特徴と防除
さび病	窒素が多くカリが少ないと発生しやすい。防除は耐病性品種を選ぶことがもっとも重要。石灰硫黄合剤を散布して防除する。多肥栽培、とくに遅い追肥は避ける。
黒穂病	かびによる病気で、裸黒穂病、なまぐさ黒穂病、稈黒穂病などがある。おもに種子伝染するので、種子消毒をおこなう。
赤かび病	温暖地ではもっとも被害が大きい病害。菌は種子、麦わら、雑草などで越冬し、開花期ころに侵入する。侵されると穂が白くなり、保菌した種子をまくと立枯れとなる。防除は薬剤の種子粉衣。
雪腐病	紅色雪腐病、雪腐褐色小粒菌核病、雪腐黒色小粒菌核菌、大粒菌核病、褐色雪腐病の5 種類あり、北海道、東北、北陸などの積雪地帯で発生する。対策は、多窒素を避け、リン酸を十分に施用する。根雪前に薬剤散布する。
い縮病、縞（しま）い縮病	どちらもウイルスによる土壌伝染病。早まきや暖冬年に多発するが、有効な薬剤はない。常発地帯ではやや遅まきするか、発病ほ場では数年栽培しない。
虫害	虫害は全体として少ないが、局地的に発生すると被害が大きくなることがある。アブラムシは出穂期ごろから発生が多くなり、穂、茎葉に寄生して吸汁し、稔実不良や品質低下の原因になる。

（『農学基礎シリーズ　作物学の基礎　食用作物』農文協、2013）

◆例題◆

ムギ踏みについて、最も適切なものを選びなさい。

① ムギ踏みは踏み固めれば固めるほど効果を発揮するため、常に踏み続けることがよい。
② ムギ踏みを行うときは、土を固めるため土壌が湿っているときがよい。
③ ムギ踏みは土壌を固め水はけが悪くなるため、行わないほうがよい。
④ ムギ踏みは、土壌が乾いているときに数回行うほうがよい。
⑤ ムギ踏みは、あまり土を固めないように人の足で踏むことが多い。

正解　④

3. トウモロコシ（スイートコーン）

学　名：*Zea mays* L.
科　名：イネ科
原産地：中央アジア、南アメリカ

(1) トウモロコシの種類

トウモロコシはイネ科の一年生作物で、穀粒の形と胚乳の形質によって、一般的なスイートコーンのほか、デントコーン、フリントコーン、ポップコーン、ワキシーコーンなどに分類される。

【スイートコーン】……………糖が胚乳に蓄積されるため甘く、成熟して乾燥すると穀粒はしわ状になる。主に生食用として流通する。

【デントコーン（馬歯種）】……子実の上部が軟質デンプンで、成熟して乾燥すると子実上部がくぼんで馬歯状になる。飼料用として青刈りやサイレージ用に適している。

【フリントコーン（硬粒種）】…子実の外側が硬質デンプンであり、硬く、全体的に丸みがある。食用、飼料用、工業原料用のいずれにも適している。

【ポップコーン（爆裂種）】……子実のほとんどが硬質デンプンで、ほかの種類の子実と比較して小さい。加熱すると胚のまわりの軟質デンプンに含まれる水分が気化して爆裂する。主に菓子に用いられる。

【ワキシーコーン（もち種）】…デンプンのほとんどがアミロペクチンで、子実はろう質のような外観を持つ。もちや工業原料に用いられる。

◆例題◆

トウモロコシの種類と用途に関する説明として、最も適切なものを選びなさい。

① ポップコーンは菓子用のほかに、飼料用としても多く利用される。
② フリントコーンは食用として利用され、他の用途には適していない。
③ スイートコーンは糖分が多く、生食用、缶詰用に利用される。
④ デントコーンは菓子や工業原料に利用される。
⑤ ワキシーコーンは飼料用に適し、青刈り飼料用やサイレージ用としても利用される。

正解　③

(2) スイートコーンの一生

スイートコーンの一生は種子の発芽から始まる。種子の吸水量が70〜80%に達すると発芽する。

発芽の最適温度は32〜36℃で、最低でも6〜10℃を必要とする。発芽後25〜30日は栄養成長が盛んで、茎を伸ばしながら葉を展開し、その数を増やしていく。

主茎（主稈（かん））から出る葉の枚数は、早生品種で計10枚程度、中・晩生品種で計12枚程度となる。葉の枚数が5〜6枚になると生殖成長が始まり、茎の先端に雄穂が分化する。雄穂分化から数日すると、茎のほぼ中間の節の葉えきに雌穂が分化する。播種後50日から55日で雄穂が抽出し、5日程度遅れて雌穂の絹糸が抽出する。

したがって、雌穂はほかの株の花粉を受けて受精するため他家受精となる。受精後約20日程度で収穫を迎える。

スイートコーンにはさまざまな品種があるが、播種（たねまき）から収穫までの期間は80日から88日のものが多い。

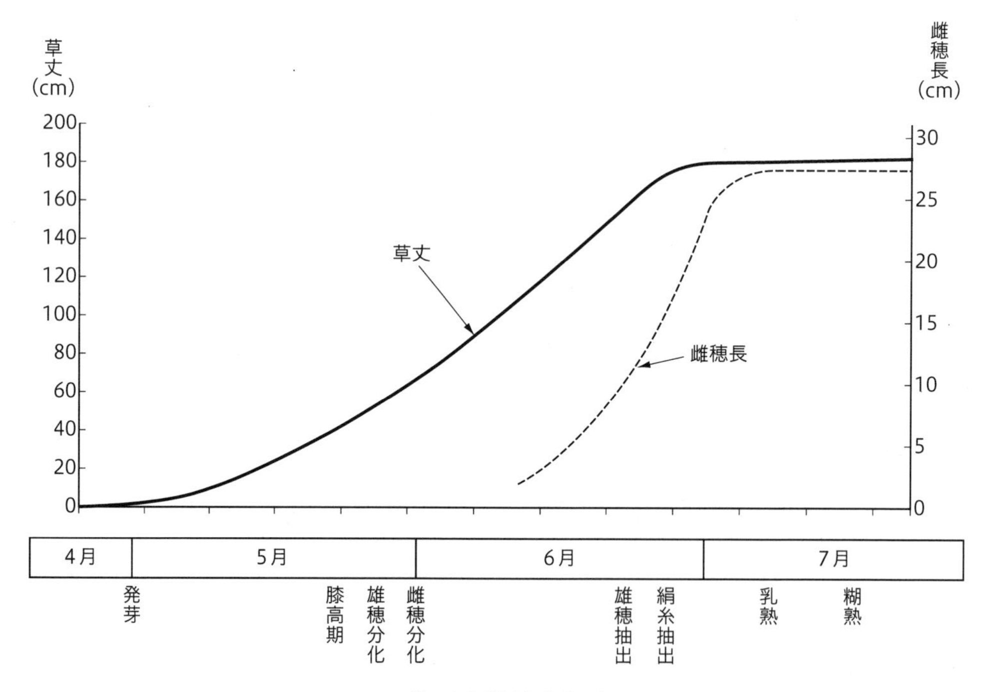

（『日本農業技術検定 2級テキスト』全国農業高等学校長協会、2014）

図3-17　スイートコーンの生育段階（関東地方における早生品種の例）

(3) スイートコーンの栽培・管理

スイートコーンの栽培にはさまざまな方法がある。一般的な直まき栽培では、「ほ場の準備(有機物・元肥施用、耕起)→うね立て→播種→間引き・補植→除草・中耕→追肥→病害虫防除→収穫」となる。

移植栽培では、セルトレイなどに1〜2粒まきして3〜4葉期に定植する。気温・地温が低い3月から4月に播種する促成栽培では、マルチングした方が活着もよく、その後の生育もよい。

1) スイートコーンの生育の特徴

トウモロコシはC_4植物である。C_4植物とは、CO_2濃縮のためのC_4経路を持つ植物のことである。

C_4植物は機能分化した種類の光合成細胞により、CO_2を体内で効率よく濃縮し、糖を生産することができる。そのため、イネや麦類などのC_3植物より、高温条件下で高い光合成能力を発揮する。また、水分の損失も少なく、窒素の利用率も高い。したがって、多肥により増収する傾向がある。

スイートコーンは、異なる品種や系統を交雑したときの雑種強勢が顕著に現れる。この性質を利用したのがハイブリッド(F_1品種)で、元の品種(親株)・集団より生育が旺盛で、多収の傾向が強い。

スイートコーンの花は雌雄が別々の単性花で、雌雄同株である。雄穂は雌穂より10日程度早く分化し、抽出してから3日から4日後に花粉を飛散させる。また、トウモロコシは多種類のトウモロコシと交雑しやすい、このため、異なる品種のトウモロコシを隣接して栽培すると、種子の胚乳の特質に影響(キセニア)が起こりやすい。例えば白い子実のなる品種の雌花に黒い子実の花粉がつくと、できた子実は黒くなる。スイートコーン栽培においてはキセニアを避ける工夫が大事になる。

農業技術一口メモ

ハイブリッド品種

大正時代に蚕でわが国で初めてハイブリッド品種の育成がなされたが、今日ではこの技術はトウモロコシ、キャベツ、白菜、養豚など多くの作物・家畜に使われている。農学史上最も意義の大きいハイブリッド品種はアメリカで育成されたトロモロコシ品種とされている。

◆例題◆

トウモロコシ栽培に関する記述として、最も適切なものを選びなさい。

① 様々な品種を同時期に同一ほ場で栽培し、数多くのトウモロコシを収穫できるようにする。
② 播種や植え付けは、ちどり状にして、受粉をさせやすくする。
③ 分げつが多いため、株間を広く取り栽培する。
④ 根が広範囲に伸びるため、肥料が少なくても多収量が望める。
⑤ 根が多く発生するため、土寄せを行わなくても倒伏の恐れがない。

正解 ②

2）ほ場の準備

ほ場の準備は、堆肥などの有機質資材と元肥を施用した後に耕起し、うね立て・マルチングして種子をまく（定植する）。

土壌に対する適応性は広いが、保水・排水性が適度に保たれ、耕土が深く腐植に富む土壌を好む。酸度はpH5.5から7.0の範囲がよい。連作障害は起こしにくいが、できれば前作にイネ科作物は避けたい。

【元肥】…………播種前20日頃、酸性に偏った土壌であれば石灰を施して矯正する。堆肥は、完熟したものを10a当たり2～3t投入する。播種前7日頃、元肥として化成肥料を10a当たり、窒素8～10kg程度、リン酸12～15kg程度、カリ12～15kg程度施す。

【耕起】…………元肥を施した後、深めに耕起する。また、直まき栽培では発芽ぞろいをよくするため、土塊が細かくなるよう耕起する。大規模栽培では、耕起時にマルチング用機械（マルチャー）を用いてうね立て・マルチングもあわせて行う。

【うね立て・マルチング】…栽植密度を決めるには、慎重に検討する必要がある。他家受精することを考えると、ある程度密植にした方が受粉割合は高まりやすい。一般には、うね幅70～80cm、株間25～45cm程度が多い。現在は、土壌中の微生物によって分解され、使用後は土にすき込んで処理できる生分解性のマルチ資材も多く使われている。

3）播種・定植

スイートコーンは、直まき栽培と移植栽培がある。

直まき栽培は、育苗の手間がない分、省力化できる。また、出芽後の生育もよい傾向にある。一方、移植栽培はよい苗を選んで定植できるため生育がそろいやすく、その後の管理や収穫作業上のロスが少なくなる。

【直まき栽培】…播種前に種子を1日水に浸すと発芽率が向上する。種子の発芽率はおおむね

75～85％程度であるため、1株につき3～4粒まく。出芽までの鳥害や出芽の不良、不ぞろいを補うための補植用の苗を別に用意しておく。出芽するまでは常に土が湿った状態となるよう、かん水を行う。

【移植栽培】……セルトレイなどに1～2粒の種をまき、温室などで育苗する。播種後15～18日の3～4葉期頃が定植の目安となる。定植後は土を乾燥させると活着が悪くなるので、かん水をまめに行う。

4）生育期間中の管理

一般的な管理には、間引き、除草、中耕、追肥、土寄せ、害虫防除などがある。また、必要に応じて除げつや除房なども行われる。

【間引き】………直まき栽培でも移植栽培でも1株につき生育良好な個体を1つ残し、それ以外は抜き取るか地ぎわで切り取る。残す個体を傷つけないよう注意する。

【除草、中耕、追肥、土寄せ】…あわせて行うことが多い。1回目の追肥は、下葉の枯れ上がりなど元肥の肥料分が切れかけている場合は、5.5葉期から6葉期を目安に行う。膝高期（草丈50cm程度、雄穂分化～抽出まで）頃に、株間の除草とうね間の中耕を行う。さらに、雌穂を充実させ、支柱根の発生など根の活力を上げるために窒素とカリ主体の追肥を行う。その後、倒伏を防止するため土寄せをする。開花・受粉・受精の時期に水分不足になると不稔になる可能性があるため、状況によってはかん水を行う。

【害虫防除】……代表的な害虫の被害としてアワノメイガ（幼虫）による食害があげられる。その他、オオタバコガ（幼虫）やアブラムシによる被害も多い。アワノメイガは、雄穂抽出初期が最初の防除のタイミングとなり、植物体内に侵入する前に殺虫剤を散布して駆除する。

【除げつ】………「除げつ」とは分げつを取り除くことである。スイートコーンは普通2本から4本の分げつを出すが、それぞれが大きくなり過ぎると養分が分散し、目的である主茎の雌穂の充実を妨げるおそれがあるため取り除く。しかし、ある程度の大きさに育った分げつは、そこで作られた養分が主茎の雌穂に転流し、また倒伏の防止にも役立つため、除げつはあまり行われない。

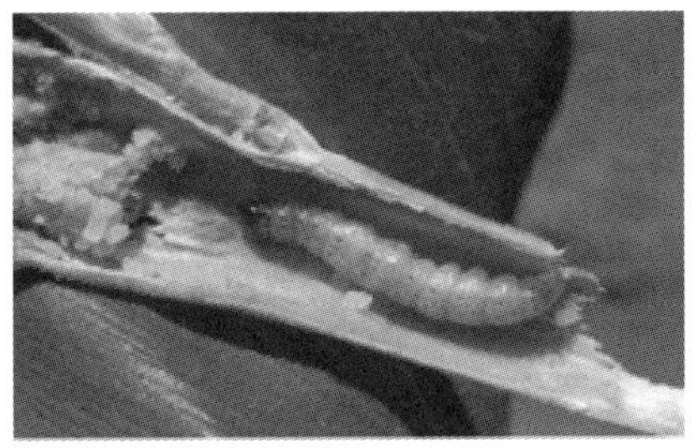

図3-18　アワノメイガの食害（左）と幼虫（右）

【除房】…………「除房」とは、1番上の雌穂（1番果）以外の雌穂を取り除くことである。1穂に養分を集中させて、収穫目的の雌穂だけを充実させるために行う作業である。

5）収穫の目安

スイートコーンの収穫の目安は絹糸抽出から20日程度で、絹糸全体が茶色く変色した頃である。

収穫適期を過ぎると糖分がデンプンに変わり食味が急激に悪くなるので、適期に収穫することを心がける。

◆例題◆

スイートコーンのマルチ栽培を行う場合のシルバーマルチを使用する目的、期待できる効果についての記述として、正しいものを選びなさい。

① 光を透過するので、地温を上昇させる効果がある。
② 太陽光を反射してアブラムシ類などの害虫が反射光を嫌い、つきにくくできる効果がある。
③ 光を透過するので雑草が繁茂し、競合が起こり生育を抑制する効果がある。
④ 太陽光を吸収して地温を急激に上昇させることができる効果がある。
⑤ 太陽光を反射することにより、ごま葉枯れ病の防除に効果がある。

正解　②

◆例題◆

トウモロコシの茎を食害する害虫の名称として、正しいものを選びなさい。

① アワノメイガ
② ネキリムシ
③ ヨトウムシ
④ ハスモンヨトウ
⑤ マメシンクイガ

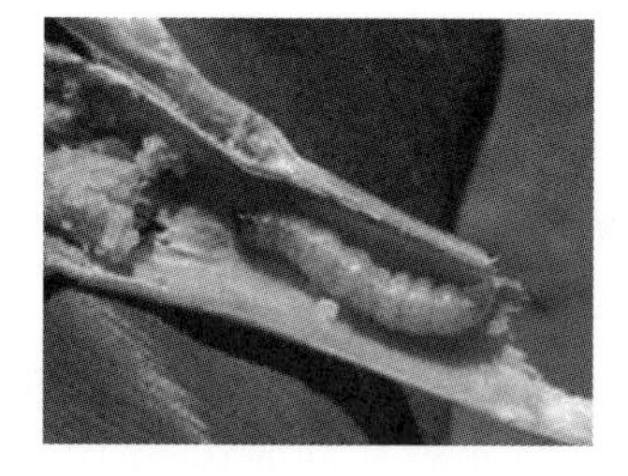

正解　①

4. ダイズ

学　名：*Glycine max*（L）Merr.
科　名：マメ科
原産地：中国

(1) ダイズの一生

ダイズの一生は種子の発芽から始まる。吸水した種子は子葉が大きく膨らみ、種皮が破れて幼根が伸び、続いて胚軸が上に伸びる。その後、子葉が展開し、次いで子葉とほぼ直角の向きで初生葉が展開する。子葉と初生葉は1対で対生となる。その後、3枚の小葉からなる本葉（複葉）が互生する。本葉は2日から3日に1枚の割合で発生し、本葉の増加とともに茎の節数も増え、草丈も伸びる。また、主茎の下位節の葉えきからは側枝が発生する。側枝が出ると、ついで開花が始まる。花は茎の中央部から咲き始め、上下へと進む。主茎先端の花が咲き始める頃が開花の最盛期となる。

なお、開花期間中も側枝の発生は続く。莢（さや）は開花後10日から13日で長さが最大となり、種子も肥大を始める。莢が黄変してくると種子は乾燥し、球形になる。種子の成熟が完了すると、葉も黄変して落葉する。

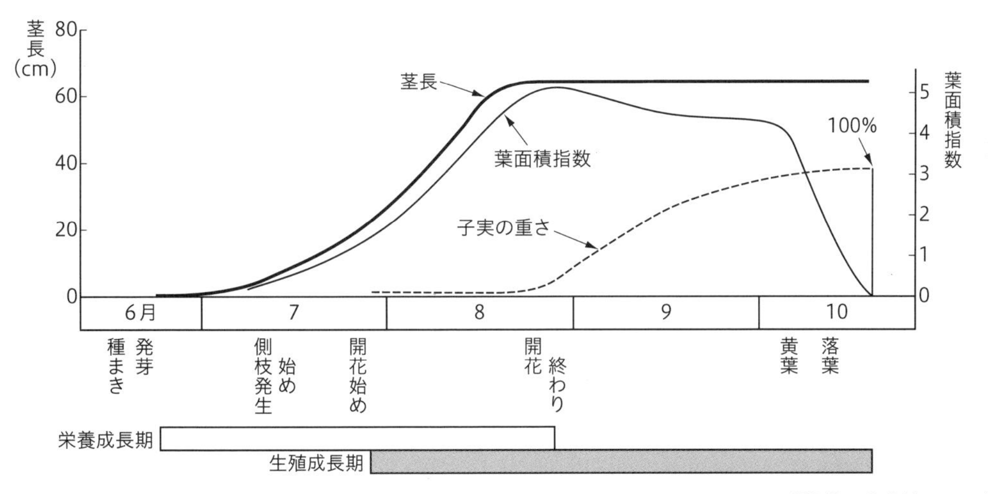

（『作物』農文協、2008）

図3-19　ダイズの生育段階（関東地方における中生品種の例）

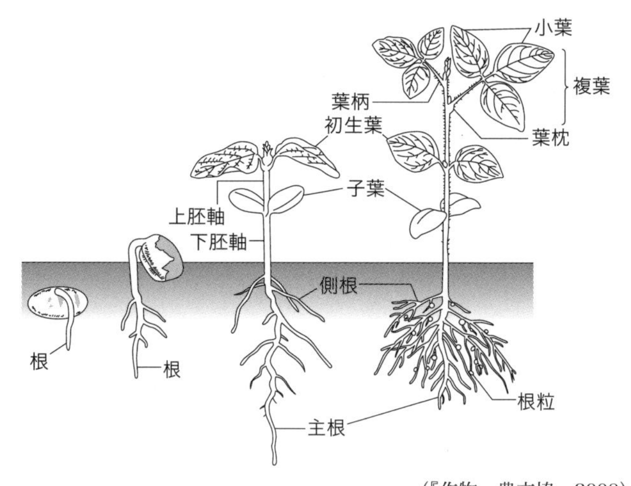

（『作物』農文協、2008）

図3-20　ダイズの生育始め

(2) ダイズの主要産地と主要品種

1) 主要産地

表3-8　ダイズの主要産地（令和３年産）

	作付面積 (ha)	10 a 当たり収量 (kg)	収穫量 (t)
全国	146,200	169	246,500
北海道	42,000	251	105,400
宮城県	11,000	202	22,200
秋田県	8,820	158	13,900
滋賀県	6,490	133	8,630
青森県	5,070	162	8,210
佐賀県	7,850	96	7,540
福岡県	8,190	88	7,210

（『作物統計』農林水産省、2022）

2) 主要品種

平成30年産の作付面積の上位5品種は、フクユタカ、ユキホマレ、里のほほえみ、リュウホウ、エンレイの順となっている。これらの品種はいずれも主に豆腐、煮豆用である。この5品種だけで全大豆作付面積の約6割を占めている。地域別に作付けトップの品種では、(北海道)：ユキホマレ、(東北)：リュウホウ、(関東)：里のほほえみ、(北陸)：エンレイ、(東海・近畿)：フクユタカ、(中国・四国)：サチユタカ、(九州)：フクユタカである。納豆用で作付面積が多いのは、ユキシズカ（北海道)、スズマル（北海道)、納豆小粒（関東）である（農林水産省「大豆の豆知識」参照)。

(3) ダイズの生育の特徴

ダイズはマメ科の一年生作物である。日本ではさまざまな品種が栽培されているが、大きく早生品種、晩生品種、中生品種に分けられる。

ダイズは短日植物であり、日長が短くなることで花をつける。品種によって花芽分化に必要な暗期の長さが異なり、早生ほど短く、晩生ほど長い期間を要する。収穫期による分類（夏ダイズ、秋ダイズ）のほか、開花までの日数の短い順にⅠからⅤまでの区分がある（北海道はⅠ、九州はⅣ・Ⅴが多い）。

根には根粒菌が寄生して根粒を作る。根粒は、本葉が展開する頃から作られ、約7日後から窒素固定を始め、60日から65日程度で死滅する。土壌中に窒素が多いと根粒の着生は少なくなる。なお、根粒の生育には酸素を多く必要とする。

ダイズは受粉・開花しても子実がつかないことが多く、子実を形成する割合を「ダイズ結きょう率」という。結きょう率は低温、養水分や日照不足の影響により通常は20〜80%程度で、収量に影響する。落きょうしないようにするためには開花期前半の用水対策などの配慮が必要となる。

図3-21 ダイズの根に作られた根粒

◆例題◆

ダイズの結きょう率に関する次の記述のうち、最も適切なものを選びなさい。

① ダイズの結きょう率は普通80〜90%である。
② 水分不足になると落花、落きょうは少なくなる。
③ ダイズは花の発達過程での落花、結実後の落きょうは少ない。
④ 開花・着きょう期の高温は落花、落きょうを多くする。
⑤ 日照不足があると落花、落きょうが多くなる。

正解 ⑤

(4) ダイズの栽培・管理

ダイズ栽培の一般的な流れは、「種子準備→ほ場準備（耕起・砕土）→うね立て→播種（たねまき）→中耕・除草→（追肥）→土寄せ→害虫防除→収穫」となる。転作田での栽培では排水対策を徹底する。前作としてはイネ科の作物と相性がよく、マメ科作物との連作は避ける。

1）ほ場の準備

ダイズは湿害にきわめて弱く、転作田では特に排水対策を徹底する。酸性土壌は石灰で矯正する。発芽・出芽率を上げるために種子消毒を行い、ロータリ耕で土塊を細かくする。

【排水対策】……高うねにする、弾丸暗渠（きょ）を引く、ほ場内に排水溝を作る、水田に隣接している場合は周囲溝を作る、などの排水対策を行う。

【元肥】…………有機物を施用した場合にはなくてもよいが、生育初期は根粒からの窒素供給も少ないので、地上部の生育に不足が生じるようであれば施す。10a当たり成分量で窒素2～3kgを目安とする。

【耕起】…………転作田では土塊が大きいため発芽不良を起こしやすい。したがって、ロータリ耕を数回行い、細かく砕土する。

【うね立て】……通気性や排水性を高め、出芽率を上げるためにうね立てを行う。種をまく深さを深めにした方が発根数が増える。

2）播種（種まき）

ダイズの播種の時期は一般には5月から6月上旬が多いが、地域性や作型により全国的な差が大きい。一般的には直まきをし、欠株が生じた場合に苗を補植する。

種子は病気に侵されていない無傷のものを選ぶ。播種の密度は品種や栽培条件によって異なるが、早生品種や遅まき、寒冷地などでは密植とするのが一般的である。

【種子消毒】……自家採取の場合は前年産の種子を用いる。3年に1回は更新した方がよい。種子伝染性の紫斑病を予防するために薬剤を種子にまぶす。

【播種密度】……うね間60～70cm、株間10～20cm、栽植密度1m²当たり10～20本、1株2粒まきが標準。機械化作業体系では10a当たり4～6kgの播種量を目安とする。

【追いまき・補植】…野鳥や害虫に食害されて欠株が生じたときに、追いまきか補植をする。追いまきとは、改めて種をまき直すことである。生育量に差を出さないよう、ほかの株の初生葉展開時までに行う。また、補植は初生葉展開から第1本葉展開までの苗を植えた方が根づきがよくなる。

3）生育期間中の管理

ダイズの生育期間中の管理には、一般的に中耕・除草、追肥、土寄せなどがある。また、病害虫防除も適宜行う。

ダイズの栽培は、雑草防除を視野に入れ、開花期以降、ほ場全面が葉で覆われるように栽植密度を調整することが望ましい。そして、生育初期から中期にかけて1〜2回ほど除草を兼ねた中耕と土寄せを行う。生育状況に応じて追肥をしたり、開花期以降の害虫防除を徹底したりすることが一般的である。

【中耕・除草】…「中耕」とは、うね間を耕すことである。これにより、雑草を防除するとともに、土壌の通気性や排水性も向上し、根の伸長を促す。

【土寄せ】………「土寄せ」とは、株もとに土を寄せることであり、一般には中耕と同時に行う。茎を土で覆うことで、茎から不定根が発生し、養水分の吸収が増す。また、倒伏や湿害を抑えたり、根粒菌の活動を促す効果もある。土寄せはダイズ栽培には欠かせない作業である。

【追肥】…………一般には土寄せ前に行うが、生育が順調であれば施す必要はない。開花期以降は根粒菌の活動も低下してくるので、開花期に入る前の時期に生育不良がみられる場合には緩効性の肥料を施すと増収効果がある。

【病害虫防除】…ダイズには多くの病害虫が発生する。害虫では、特にカメムシ類やマメシンクイガなどによる子実への被害は収量、品質に大きな影響を及ぼすため、開花期以降の薬剤散布を適宜行う。病害としては、紫斑病、茎えき病、黒根腐病、モザイク病、わい化病がある。モザイクや萎縮(いしゅく)、わい化などのウイルス病から守るため、低病性品種の活用のほか、アブラムシを防除することが重要である。また、被害株は早期に抜き取る。病害に対する抵抗性品種の使用、排水対策、連作を避けることなども防除のうえで効果的である。

図3-22 マメ科作物の重要害虫のホソヘリカメムシ

4）収穫・乾燥・調製

収穫は、莢(さや)を振ると音がする成熟期の頃を目安とし、株もとから刈り取ったり機械を使用する。莢や茎の水分含量に注意が必要である。莢であれば水分20%以下がよい。機械使用の場合、普通型コンバインで脱粒も同時に行う。

その後、自然乾燥や機械乾燥を行う。乾燥は子実の水分含量15%程度、貯蔵する場合には11%程度まで行う。調製は、未熟粒や被害粒、異種穀粒、異物などを取り除く工程をいう。手作業や選別機により被害粒を取り除く。

◆例題◆

ダイズの栽培に関する記述として、最も適切なものを選びなさい。

① 連作してもあまり収量が低下しない作物である。
② アメリカ合衆国では遺伝子組み換え技術を用いた品種が栽培されているが、最近わが国でも栽培が増えつつある。
③ 酸性の土壌を好むので、石灰の施用は必要がない。
④ 中耕の効果はいくつかあるが、なかでも除草の効果が大きい。
⑤ コンバイン収穫では、莢の水分に注意すれば、茎の水分については気にしなくてもよい。

正解 ④

◆例題◆

写真のダイズに及ぼす害虫被害の説明として、正しいものを選びなさい。

① 実が肥大せず莢が虫えい（虫こぶ）状に膨れる。
② 分枝の一部がしおれている茎の部分より虫糞が出ている。
③ 子実が変形し、正常な丸みを帯びない。
④ 子葉の食害された部分はかさぶたのように褐変している。
⑤ 子実の一部が食害され，莢に小さな半月形の脱出孔がある。

正解 ③

◆例題◆

写真のダイズの病気に関する記述として、最も適切なものを選びなさい。

① 紫斑病といい、糸状菌により発病する種子伝染性の病気である。
② 紫斑病といい、ウイルス病である。
③ モザイク病といい、ウイルス病である。
④ 萎縮病といい、ウイルス病である。
⑤ カメムシに食害されたところからカビが侵入し変色した。

正解 ①

5. ジャガイモ

学　名：*Solanum tuberosum* L.
科　名：ナス科
原産地：アンデス高原地帯

(1) ジャガイモの主要産地

ジャガイモの生産量の8割は夏作型の北海道である。九州の産地では輪作か春作・秋作の2期作で、鹿児島県・長崎県が多い。

表3-9　ジャガイモの主要産地（令和3年）

地域	作付面積（ha）	10 a当たり収量（kg）	収穫量（t）
全国	70,900	3,070	2,175,000
北海道	47,100	3,580	1,686 ,000
鹿児島県	4,510	2,020	91,000
長崎県	3,190	2,560	81,800
茨城県	1,640	3,020	49,500
千葉県	1,140	2,610	29,800

（『野菜生産出荷統計』農林水産省、2022）

(2) ジャガイモの主要品種

北海道の主要品種は男爵系とメークイン系が二大品種で、ほかにキタヒカリ、トヨシロ、とうやなどがある。鹿児島県・長崎県の主要品種はニシユタカ、デンマなどである。

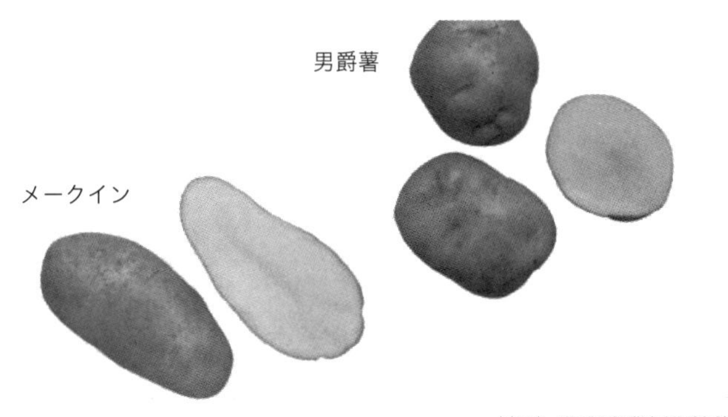

（(独) 農畜産業振興機構）

図3-23　ジャガイモの主要品種

(3) ジャガイモの作型

ジャガイモは、北海道では夏作が、温暖な九州地域では2期作（春作・秋作）も可能となっている。ナス科の作物で病気に弱いことから、北海道ではジャガイモ、麦類、テンサイ、豆類の4作による輪作が行われ、九州においてはジャガイモ、ニンジン、豆類、トウモロコシの輪作も行われている。

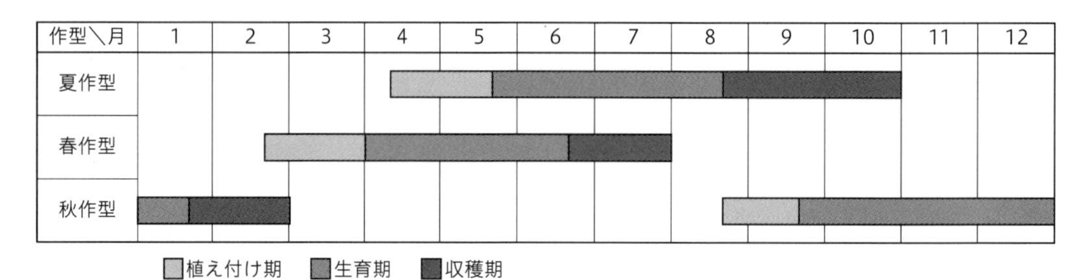

（『ばれいしょをめぐる状況について』農林水産省、2022年4月）

図3-24　ジャガイモの作型

(4) ジャガイモの一生

種いもから出た主茎が地表面に出ることを「ほう芽」という。植え付け（定植）してからほう芽までは27日から33日程度かかる。ほう芽後の主茎は気温の上昇に伴い急速に伸長し、側枝を発生させ、葉を展開する。葉面積の増加が早く、ほう芽後1カ月もすると葉がうね間を覆い、日射をほぼ100％利用できるようになる。ほう芽から30日程度で茎の先端につぼみができる。この時期を「着らい期」という。

着らい期から15日程度で開花が始まり、さらに15日程度で地上部が最大となる。その後は下葉から徐々に枯れ始める。

地下部の茎の節からはふく枝（ストロン）が発生する。ふく枝は地上部の側枝に当たり、ほう芽より先に根とともに発生し、先端が肥大して塊茎になる。ほう芽から着らい期にかけて塊茎が形成され、開花後、急速に肥大する。塊茎の肥大は、地上部が枯れるまでつづく。

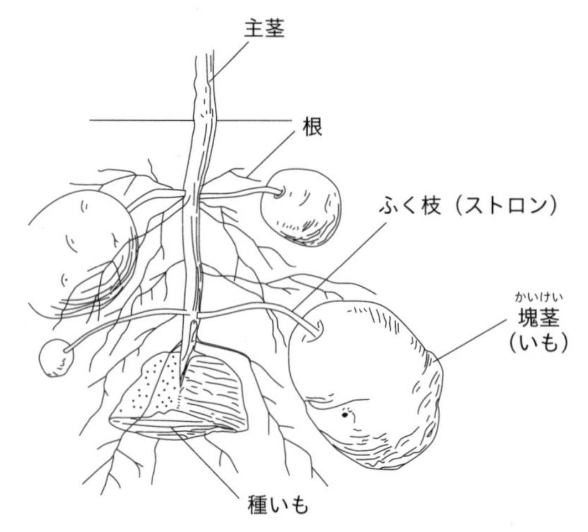

（『農業と環境』農文協、2013）

図3-25　種いもからの植物体の発生と塊茎の形成

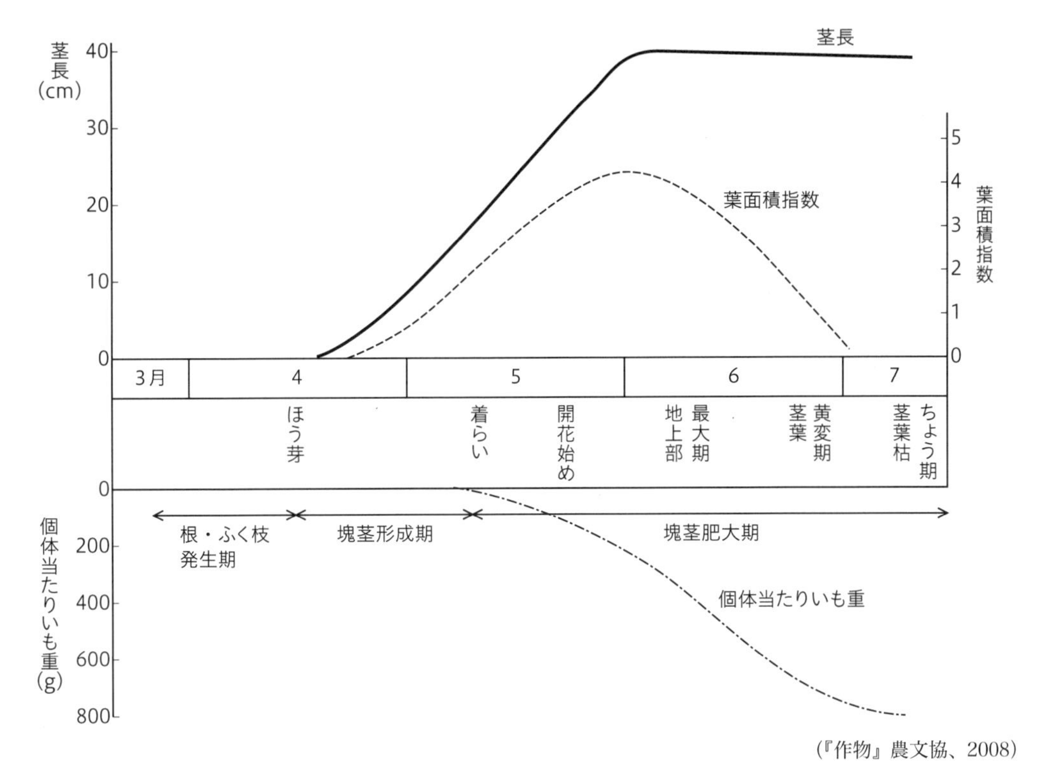

(『作物』農文協、2008)

図3-26 ジャガイモの生育段階（関東地方における早生品種の例）

(5) ジャガイモの生育の特徴

ジャガイモはナス科に属する多年生の双子葉植物で、地下部に貯蔵器官の塊茎を形成して栄養繁殖する。葉、茎、花、(果実) が地上部器官で、根、ふく枝、塊茎を地下部器官として体を構成している。

花の形と色は品種によりさまざまである。ほとんどが自家受精であり、まれにトマトに似た果実をつけ、内部に種子が作られる。

主茎の節から白色のふく枝が発生する。これは地上部の茎と同じ器官であり、地上に出ると葉を展開する茎になる。ふく枝の先端はフック状で、成長点を保護しながら土壌中をほぼ水平に伸び、細根を生じる。5〜30cm程度伸長したところで先端が肥大し、塊茎の形成が始まる。

ジャガイモは収穫後2カ月から4カ月は、環境条件がよくても芽を出すことはない。これを「内生休眠」という。また、環境条件がよくないために芽が出ない現象を「外生休眠」という。

ジャガイモは、栄養成長と生殖成長が長い期間並行して進む。塊茎の形成・肥大は、開花・受精の経過をとらずに進むので栄養成長とみられるが、繁殖・貯蔵器官を残す現象は生殖成長に当たる。したがって、生育相を明確に定義することは難しい。

(6) ジャガイモの栽培・管理

ジャガイモの栽培は種いもの準備から始まる。種いもは浴光催芽を行い、切断をした後、畑に植え付ける。植え付け後、ほう芽の数が多い場合は芽かきを行い、着らい期までに中耕・除草、土寄せする。その後は状況に応じて薬剤散布をして病害虫を防除する。茎葉が黄変する頃に収穫する。病害虫防除も生育期間中を通じて適切に行う。

1) 種いもの準備

ジャガイモはウイルス病にかかると減収するため、病気に侵されていない健全な種いもを用意する。大きさは40〜50gのものがよい。それより小さければ切断せずに、大きければ2〜4つに切り分けて定植する。

【浴光催芽】……定植1カ月前に種いもを雨の当たらない温度0〜20℃の環境に置き、十分に光を当てる。これにより芽の発生が促される。発生した芽も太く、緑色を呈して強くなり、ほう芽が早まって多収につながる。浴光催芽中の温度は15℃程度が適切である。芽が5mm程度伸長した頃が植え付けの適期となる。

【切断】…………種いもをそのまま定植すると、ほう芽茎が多くなり、いもの数は増えるが小さいいもばかりとなり、結果的に品質・収量が低下する。また、芽かき作業にも手間がかかる。切断方法は、芽の数をそろえるために、頂部と基部を結ぶ面で縦割りとする。植え付け3〜4日前に切断し、切り口を乾かしてから植え付ける。なお、暖地の秋作では切り口から腐敗する可能性が高いので、植え付け10日前に切断するか、切断せずにそのまま用いる。

2) 植え付け・土寄せ

ほ場に有機物や元肥、石灰を施し、深めに耕した後に植え付ける。作土の浅いほ場や地下水位の高いほ場ではうね立てを行い、通気性・排水性をよくする必要がある。

【ほ場準備】……いもは地下部にできて肥大するため、深い作土で通気性・排水性がよいことが望ましい。したがって、堆肥などの有機物を10a当たり1〜2t施し、さらに酸性の強い土壌では石灰も施す。施肥量は成分量で10a当たり窒素7〜10kg、リン酸とカリそれぞれ10〜15kgを目安とし、全量を元肥で施す。

【定植】…………栽植密度は10a当たり4,000〜5,000株を標準として、株間を30cm前後で調節する。種いもの切断面を下にして置き、覆土は5cm程度にする。早生品種や暖地の秋作では標準よりやや密植とする。

【土寄せ】………着らい期までに1〜2回、中耕・除草と併せて株もとに土を寄せる。開花期以降に行うと塊茎を傷つけるおそれがある。塊茎が地上に露出すると緑化して品質を著しく低下させるため、土寄せは必ず行う。

3）収穫

ジャガイモは、開花期以降は収穫が可能である。しかし、開花期では塊茎の肥大が十分でないため、一般的には茎葉黄変期から茎葉枯ちょう期での収穫が望ましい。

収穫はスコップで行うか、機械化作業体系ではポテトハーベスタや掘り取り機を用いる。手掘りであっても機械利用であっても、茎葉が黄変し、土壌が乾いているときに行う。青果用には早掘りが行われるが、早掘りするといもの表皮が傷つきやすく品質低下をまねきやすいので、注意して収穫する。デンプン原料用は茎葉が枯れてから収穫する。

手掘りの場合は、土寄せされたうねの両脇からスコップを入れて掘り取る。株間から掘り取るといもを傷つけてしまうので注意する。

機械を利用して収穫する場合は、北海道ではポテトハーベスタによる機械収穫が一般的。ほかの地域では掘り取り機などが用いられる。

図3-27　ポテトハーベスタ（ステージ型）

4）貯蔵

ジャガイモの貯蔵は低温・多湿が適している。収穫後は、気温2～4℃、湿度80～90％の暗所で貯蔵する。貯蔵中は適度に換気し、寒冷地では凍害にも注意する。

なお、ジャガイモの塊茎にはソラニンという成分が含まれ、一度に大量に摂取すると有毒である。塊茎が光に当たると緑化し、ソラニン含量が増加する。また、休眠が終わって芽が成長すると、芽の周りで増加するため、貯蔵の際には注意が必要である。

5）病害虫防除

ジャガイモの病気にはウイルス病とえき病がある。ウイルス病には葉巻病、モザイク病があり、伝染はアブラムシ類の媒介による。えき病は18～20℃の気温で降雨が長いと発生し、地上部が枯死し、塊茎が腐敗する。そのほかに、そうか病、軟腐病などがある。そうか病はストロプチマイセス属菌により発生し、ジャガイモの連作、アルカリ性土壌、未熟堆肥の施用などにより多発する。

害虫では、ニジュウヤホシテントウ、ヨトウガ、ハスモンヨトウによる葉の食害のほか、ジャガイモシストセンチュウによる被害が多く発生している。輪作やセンチュウ耐病性品種の活用が必要である。

図3-28　ジャガイモえき病

6）利用

ジャガイモの利用としては、青果、加工食品、デンプン原料、飼料や種いもなどがある。

【青果】…………家庭食用として用いられる。成分に炭水化物を多く含むほか、カリウムやビタミンCも豊富であるため、健康食品としての位置づけも高い。

【加工食品】……ポテトチップスやフライドポテトなど油加工に適した品種も多い。

【デンプン原料】…北海道で生産されるジャガイモの約50％がデンプン原料である。片栗粉として料理に使われるほか、かまぼこやソーセージなどの副原料にも利用される。

◆例題◆

ジャガイモ栽培に関する説明として、最も適切なものを選びなさい。

① 種いもは、芽の配列に関係なく、いもの大きさを揃えて切るとよい。
② 植え付けする際は、ほう芽を促進させるため、覆土はしない。
③ ほう芽を促進させるため、種いもに隣接して施肥するとよい。
④ 初期生育を促進させるため、浴光催芽をするとよい。
⑤ 種いもの切断は植え付けの直前に行わなければならない。

正解 ④

◆例題◆

ジャガイモの種いも切断面を上向きに植える「逆さ植え」に関する記述として、最も適切なものを選びなさい。

① 強い芽だけが伸びるため、芽欠き作業が軽減できる。
② 茎葉が繁茂しやすく栄養成長に偏り、いもの肥大が劣って収量が低下する。
③ 慣行植え付け（切断面を下向きに植える）に比べほう芽が早まる。
④ 芽が下向きのためストロンの着生は種いもの下側になる。
⑤ ほう芽しやすくするため、種いもは浅く植え付け覆土や土寄せはしない。

正解 ①

◆例題◆

ジャガイモのえき病の説明として、最も適切なものを選びなさい。

① えき病は種いもを越冬させることにより罹病塊茎を死滅させることができるので、自家採種した種いもを用いることができる。
② 前年の塊茎を畑周辺部に残さず、1次発生源を少なくすることで、発生を抑制することが望ましい。
③ 窒素の多施用を行うことで、分生胞子の発芽を抑制することが望ましい。
④ 地上部のみに病状を示すウイルス性の病害であるので、収穫には影響しない。
⑤ 抵抗性品種を栽培することにより、まったく発生しない。

正解 ②

◆例題◆

ジャガイモのそうか病に関する説明として、最も適切なものを選びなさい。

① 酸性土壌で発病・被害が出やすい。
② 塊茎の表面がかさぶた状の症状を示し、著しく減収する。
③ デンプン含量と外観品質が低下する。
④ 伝染源は種いもで、土壌伝染はしない。
⑤ 病原菌は糸状菌の不完全菌類である。

正解 ③

◆例題◆

ジャガイモの収穫管理に関する説明として、最も適切なものを選びなさい。

① ジャガイモの用途は生食用が約6割、デンプン用が約4割である。
② 収穫したジャガイモは、収穫後呼吸をしない。
③ 収穫後はキュアリングを行うため、温度40℃、湿度50%の環境下に貯蔵する。
④ ソラニンという有毒物質の増加を防ぐため、収穫後は日光にさらす必要がある。
⑤ 開花終了後、茎葉が黄化した頃が収穫適期である。

正解 ⑤

農業技術
一口メモ

ジャガイモの病気と種いもの流通

ジャガイモはイネ、ムギ、トウモロコシと並び世界4大穀物であり、15～18世紀の冷害による不作が続くヨーロッパの食料難を救った。原産地はアンデス高地で、大航海によって伝わった。現在では世界中で広く栽培されている。

アイルランドではジャガイモの生産が盛んであったが、1845～49年に大凶作に襲われ、人口800万人のうち200万人が餓死し、170万人が移民となって北米大陸などに逃避した歴史がある。不作の主な要因はジャガイモえき病である。

ジャガイモはナス科の作物でウイルスや細菌に弱く、えき病やそうか病の発生のほか連作障害が生じやすい。加えて近年は、ジャガイモシストセンチュウの発生が顕著である。このため、現在、国内では植物防疫法により種いもの管理流通が厳格化しており、「種馬鈴しょ」を農林水産省種苗管理センターが供給して栽培生産者に渡るまで原種の流通が厳格に管理（検査合格証発行など）されている。

6. サツマイモ

学　名：*Ipomoea batatas* Lam.
科　名：ヒルガオ科
原産地：中央アメリカ

(1) サツマイモの一生と利用、主要産地

サツマイモは、苗を植え付けると、適度な水分と温度があれば7日から10日程度で各節から不定根が発生し、活着する。30日後には地上部（茎葉）が急速な伸長、繁茂を始め、ほ場一面を覆うようになる。地上部は植え付け後90日程度で最大となる。

地下部は定植後25日程度で、塊根と細根の区別ができるようになり、この頃から塊根の肥大が始まる。地上部が最大となる頃、塊根の肥大も盛んになり、最終収量の半分くらいまで肥大、成長する。塊根の肥大は地上部が枯れるまで続く。

サツマイモは気象災害に強く、比較的やせ地でも安定した生産性を持つので救荒作物として位置づけられていた。また、日本で栽培される作物の中で乾物生産量が最も多く、平均収量で10a当たり2.5tを誇る。

塊根の主成分はデンプンであり栄養価は高く、各種ビタミンやミネラル類も豊富に含まれている。また、セルロースやペクチンなどの食物繊維も多く、近年、消費者の健康志向が高まる中、健康食品としての認識が強まっている。

サツマイモの用途は、青果用、デンプン原料用、アルコール原料用、加工用の大きく4つに分けられる。それぞれの品種としては、青果用にはベニアズマや高系14号、紅赤、デンプン原料用にはシロユタカやコナホマレ、ダイチノユメ、アルコール原料用にはコガネセンガン、加工用にはタマユタカなどがあげられる。なお、世界的にみると、サツマイモは飼料としても重要な作物であり、貯蔵性を高めたサイレージなどにして利用されている。青刈飼料用としてはツルセンガンなどがある。

主な産地としては、鹿児島（31%）、茨城（23%）、千葉（11%）、宮崎（10%）などがあげられ、鹿児島は全国の作付面積のおよそ3割強を占める（令和4年産）。

表3-10　サツマイモの主要産地（令和３年）

産地	作付面積（ha）	10 a 当たり収量（kg）	収穫量（t）
全国	32,400	2,070	671,900
鹿児島県	10,300	1,850	190,600
茨城県	7,220	2,620	189,200
千葉県	3,800	2,300	87,400
宮崎県	3,020	2,350	71,000
徳島県	1,090	2,490	27,100

（『作物統計』農林水産省、2022）

茎長（m/m2）
60
40
20
0
いも重（kg/m2）
3
2
1
0
茎長
いも重
4月
5
6
7
8
9
10
ほう芽
活着
地上部最大期
（収穫適期）
育苗期
発根期
塊根形成期
塊根肥大期

（『作物』農文協、2008）

図3-29　サツマイモの生育段階（関東地方における早生品種の例）

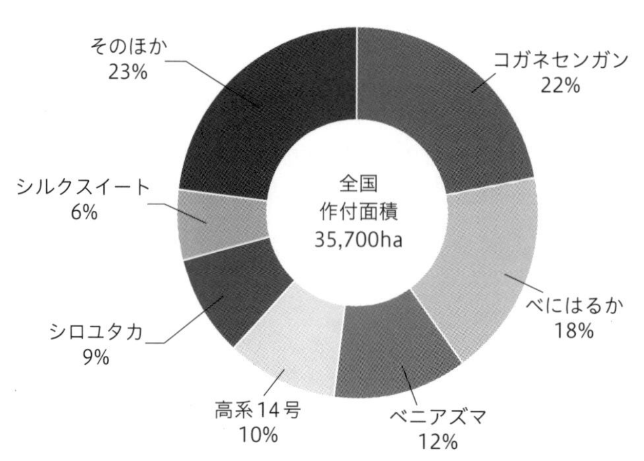

（『かんしょ品種の普及状況』農林水産省）

図3-30　サツマイモの品種別作付面積（令和２年）

◆例題◆

焼酎（アルコール）原料用のサツマイモの品種として、最も適切なものを選びなさい。

① 高系14号
② タマユタカ
③ ベニアズマ
④ 紅赤
⑤ コガネセンガン

正解 ⑤

(2) サツマイモの生育の特徴

サツマイモは、ヒルガオ科に属する多年生作物である。日本では一般的に、苗床で種いもとなる塊根から育てた苗を切り取り、畑に定植する方法が行われている。塊根は不定根が肥大した器官である。苗の節から発生した不定根が塊根に分化しやすい。

根の塊根化は、通常であれば植え付け後30日から40日で始まる。どの根も若いうちは塊根となる素質を持っているが、多くはまったく肥大しない細根となり、一部は少し肥大した梗根となる。根の中心柱の木化程度が少なく、形成層が発達しているものが塊根となり、肥大する。

サツマイモはつるが畑一面を覆うので、窒素が多過ぎると茎葉が繁茂し過ぎてつるぼけとなり、光合成のできない葉が多くなって塊根の肥大が妨げられる。

(3) サツマイモの栽培・管理

栽培の始まりは種いもの伏せ込み・育苗である。その後に採苗し、ほ場に植え付ける。定植は苗を畑に挿す（挿し苗）。植え付け後は活着するまでかん水し、活着後は1～2回の除草を兼ねた中耕を行う。また、害虫は適期に防除する。

基本的な流れは、「採苗→施肥（元肥）→ほ場準備→うね立て・マルチング→植え付け（挿し苗）→中耕・除草→害虫防除→収穫」となる。まれに、茎葉が畑を覆う頃に、うね間に伸長したつるを返す、「つる返し」という作業を行う。

1）育苗

塊根に養分が蓄積されているため、温度と水分が適切に管理されていれば苗ができる。育苗は温度管理が最も重要で、温度の確保には電熱、発酵熱、日光の3つがあげられる。

【種いもの伏せ込み】…種いもに約30℃、4～5日間の催芽処理を行い、芽が10mm程に伸長したら、23～25℃（夜間18℃）程度の苗床に伏せ込んで育苗する。

【採苗】…………芽（苗）が30cm程度、葉が7～8枚ついたら、茎を塊根の上3cm程度残して切り取って苗にする。1個の種いもから20本程度の苗が取れる。苗は節が6

〜7つあり、節間が短く、重さで30g程度のものがよい。育苗の前に黒斑病予防のための温湯消毒や薬剤消毒を行う。

2）ほ場準備

塊根は土壌中にできるため、作土が深く、通気性・排水性のよい砂壌土が適している。肥沃過ぎるほ場ではつるぼけになりやすい。酸度は適応幅が広くpH7.0〜4.2の範囲で育つ。連作障害も比較的出にくい。

【施肥】…………10a当たりの施肥量は、成分量で窒素3〜6kg、リン酸4〜8kg、カリ9〜12kgを目安とする。塊根の肥大にはカリが多く必要とされるため多めに施す。全量を元肥で施す。窒素肥料が多いとつるぼけを起こして減収する。

【うね立て・マルチング】…塊根の肥大・成長を促すために、うね幅50cm、うね高25〜30cm程度の高うねとする。うねを高く、さらに表面積を広くすれば、夜温が下がり、塊根へのデンプン蓄積も高まる。4月下旬から5月中旬に早植えする場合、マルチングをすると地温が上がるので、活着とその後の成長を促す。また、雑草防除や土壌水分の保持にも役立つ。

3）植え付け

斜め植え、船底植え、水平植えや直立植えなどさまざまな植え付け方法がある。

【斜め植え】……直立植えと並んで最も簡単な植え付け方法である。乾燥地帯や地温が高い場合に適する。塊根ができる節数が少なくなるため、大きないもになりやすい。

【水平植え】……3〜5cm程度の浅植えになり、葉を地上に出すため時間がかかる。また、乾燥すると活着に影響が出るため、かん水をまめに行う。塊根数が増え、増収しやすい。

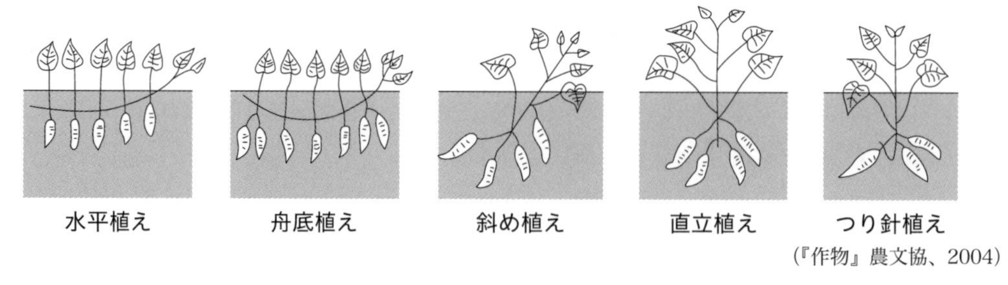

（『作物』農文協、2004）

図3-31　サツマイモの苗の植え方とイモのつき方

4）病害虫

病気では黒斑病、つる割れ病がある。害虫ではナカジロシタバ、ハスモンヨトウ、コガネムシ、ネグサレセンチュウが発生する。

5）収穫

収穫は、早生品種で定植後100日、晩生品種で150日程度、一般的には120日程度を目安の時期とする。下葉が黄変した頃が望ましい。

地上部を処理し、マルチがある場合は除去してから、くわやスコップを用いて行う。機械利用の場合は掘り取り機などを使用する。

【地上部の処理】…伸長したつるをうね側にまとめ戻し、うね方向に丸め込みながら、株もとの茎を鎌などで刈り込んで処理する。大規模栽培の場合は専用のつる刈り機で細断する。生分解マルチは除去する必要がないが、ポリマルチは片側から持ち上げて除去する。

【収穫】……………塊根を傷つけないように丁寧に行う。うね間の下に肥大している場合もあるため、余裕を持ってくわやスコップを入れる。掘り取り機や小型のディガータイプの収穫機を使用すると、傷いもになりにくい。

6）貯蔵

貯蔵は、キュアリング処理をしてから行う。サツマイモは、適切な条件下であれば比較的長く貯蔵できる。休眠がないため、貯蔵温度が高いと芽が出てしまい、低いと低温障害が出るおそれがある。貯蔵に適切な環境としては、温度13～15℃、湿度80～90%程度がよい。

【キュアリング】…収穫後、貯蔵前に温度30～32℃、湿度95%以上の環境に7日間程度置くことにより、塊根の表皮にコルク層が作られ、傷が修復されて貯蔵性が高まる。

【低温障害】………塊根は低温に弱く、9℃以下の環境に長時間置かれると腐敗しやすくなる。

7）利用

サツマイモは生食のほか、加工用、デンプン原料用、アルコール原料用などさまざまに活用されている。塊根には、炭水化物以外にも食物繊維やビタミン、ミネラルが豊富に含まれているので、健康食品としての需要も高まっている。

【食用】…………………日本では、食料難時代には米の代用として利用されていたが、近年は天ぷらや野菜としての利用が主となっている。電子レンジなどを使用した短時間の調理で食べられる品種もある。

【デンプン原料用】……日本では水あめやブドウ糖など、糖化製品としての用途が多い。また、菓子や麺、のりなどにも利用されている。

【アルコール原料用】…主に焼酎の原料として利用される。

◆例題◆

サツマイモの種いもに関する記述として、最も適切なものを選びなさい。

① 種いもは、なるべく早く植え付け、早く掘り取り、長期間貯蔵したいもが適する。
② 種いもの温湯消毒は、イネと同様に60℃、10分間である。
③ 種いもは、0℃程度の低温に1カ月程度置き、休眠打破処理をすると早く萌芽する。
④ 種いもの催芽処理は、30℃前後、4〜5日間、芽の長さ10 mm程度を基準とする。
⑤ 種いもは、数芽を含めて約50 g程度の大きさに切断して苗床に伏せ込む。

正解 ④

◆例題◆

サツマイモの貯蔵前に行うキュアリング処理の目的として、最も適切なものを選びなさい。

① いもの中のデンプンを糖化させ、甘味を増す。
② いもの表面に付いている病原菌の消毒。
③ いもの表面に付いている害虫の駆除。
④ 収穫作業などでできた傷をコルク層で覆い、病原菌の侵入を防ぐ。
⑤ いもを休眠状態にし、貯蔵中の萌芽を防止する。

正解 ④

第4章　野　菜

1. 主要野菜の生産動向

令和３年の野菜の作付面積は約44万３千ha、出荷量は約1,287万５千tである。面積の大きさはジャガイモ、キャベツ、ダイコン、タマネギ、ネギ、スイートコーンの順である。指定野菜には春、夏、秋、冬のほか冬春、夏秋の作型がある。

野菜の産出額（令和３年）は２兆1,467億円であり、農業総産出額の４分の１程度を占め、畜産に次いで第２位である。品目別にはトマトが最も多く、以下、イチゴ、ネギ、キュウリ、タマネギ、キャベツ、ナス、ホウレンソウ、レタスの順となっている。また、野菜のうちトマト、イチゴ等の10品目で、野菜の産出額全体の６割程度を占めている。品目別の産地として全国で最も出荷量が多いのは、トマトでは冬春トマトの熊本県、イチゴは栃木県、ネギは千葉県、ニンジンは北海道、キュウリは宮崎県、キャベツは愛知県、ホウレンソウは群馬県である。

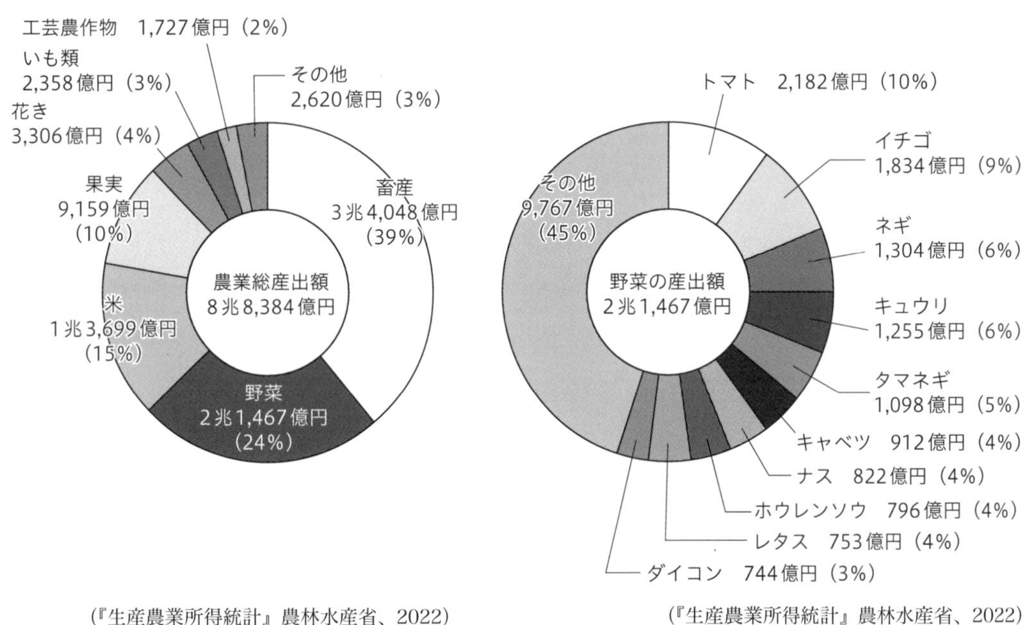

（『生産農業所得統計』農林水産省、2022）

図4-1　わが国の農業総産出額（令和３年）

（『生産農業所得統計』農林水産省、2022）

図4-2　野菜の産出額の品目別割合（令和３年）

表4-1　主要野菜の作付面積、10ａ当たり収量、収穫量及び出荷量（令和３年）

品　目	作付面積（ha）	10a当たり収量（kg）	収穫量（t）	出荷量（t）
ジャガイモ	70,900	3,070	2,175,000	1,823,000
キャベツ	34,300	4,330	1,485,000	1,330,000
ダイコン	29,200	4,280	1,251,000	1,033,000
タマネギ	25,500	4,300	1,096,000	992,900
ネギ	21,800	2,020	440,400	364,700
スイートコーン	21,500	1,020	218,800	178,400
レタス	20,000	2,730	546,800	516,400
ホウレンソウ	19,300	1,090	210,500	179,700
ニンジン	16,900	3,760	635,500	572,400
ブロッコリー	16,900	1,020	171,600	155,500
ハクサイ	16,500	5,450	899,900	744,800
カボチャ	14,500	1,200	174,300	140,400
エダマメ	12,800	559	71,500	56,100
トマト	11,400	6,360	725,200	659,900
キュウリ	9,940	5,550	551,300	478,800
スイカ	9,200	3,470	319,600	275,800
ナス	8,260	3,600	297,700	237,800
コマツナ	7,420	1,610	119,300	106,900
ゴボウ	7,410	1,790	132,800	116,700
メロン	6,090	2,460	150,000	136,700
イチゴ	4,930	3,340	164,800	152,300
アスパラガス	4,500	560	25,200	22,400
ピーマン	3,190	4,660	148,500	132,200
ミズナ	2,420	1,710	41,300	36,800
チンゲンサイ	2,100	1,990	41,800	37,200

（『野菜生産出荷統計』農林水産省、2022）

(参考1) 野菜の種子の寿命

野菜種子の寿命は、果実の中にあるものは比較的長く、外部環境にさらされるものは短い。

寿命4年以上	ネギ、タマネギ、ニラ
寿命2〜4年	ダイコン、ハクサイ、サヤインゲン
寿命1〜2年	キュウリ、カボチャ、トマト、ナス

(『野菜』農文協、2004)

(参考2) 野菜種子の加工技術

野菜の種子加工は目的に応じて様々な対応がある。

名称	目的		加工の具体的技術	対象野菜の例
乾熱処理	種子消毒	菌やウイルスの不活化	種子が死滅しない限界温度まで加熱	スイカ、メロン
ネーキッド種子	発芽促進処理	休眠種子や吸水しにくい種子などの発芽率を高める	吸水を阻害する果皮を除去	ホウレンソウ、セリ科種子
プライミング種子		不良環境での発芽率を高め、早く均一に発芽させる	種子を高浸透圧溶液等に一定期間浸漬し水分量を調整	ホウレンソウ、ニンジン
ペレット種子	種子の被覆	播種の簡便化、播種量の節約、播種の機械化	種子を粘土鉱物や高分子化合物などで被覆し球状に成形	ニンジン、アブラナ科
シードテープ		種子量の調整、播種の機械化、均一な生育を可能に	水溶性のテープに種子を一定間隔で封入	レタス、ニンジン、ホウレンソウ
フィルムコート		病害防除	顔料と各種薬剤を被覆したもの	ホウレンソウ、スイートコーン、キュウリ

(『野菜園芸学の基礎』農文協、2014)

(参考3) 野菜の主な植物成長調整剤

野菜の生育にわずかな量で着果の促進や果実の肥大などの効果がある植物成長調整剤が知られている。

成分	対象野菜	使用目的
ジベレリン	トマト	空洞果防止
	セルリー、イチゴ	生育促進、肥大促進
4-CPA	トマト、ミニトマト、ナス	着果促進、果実の肥大促進、熟期の促進
	シロウリ、ズッキーニ	着果促進
エテホン	トマト	熟期促進
ホルクロルフェニロン	イチゴ、スイカ、カボチャ	着果促進

(『野菜園芸学の基礎』農文協、2014)

2. トマト

(1) トマトの種類と生産状況

1) トマトの種類

トマトは生食用に利用される桃色系トマト、ジュースや加熱調理用に使われる赤色系及び黄色系の3系統に分かれる。また、果実の大きさでは大玉トマト、中玉トマト（ミディトマト）と小玉トマト（ミニトマト）がある。またフルーツトマトは品種に違いはなく、水分を抑えた栽培により糖度を上げたものである。

（(独）農畜産業振興機構）

図4-3 トマトの種類

2) トマトの主要産地

全国の令和3年トマトの生産面積は約1万1,400haで収穫量72万5,200t、出荷量65万9,900tである。出荷量で最大は冬春トマト産地の熊本県、夏秋トマト産地の北海道で、以下、愛知県、茨城県、栃木県と続く。

表4-2 トマトの主要産地（令和3年）

順位	産地	作付面積（ha）	10a当たり収量（kg）	収穫量（t）	出荷量（t）
1	熊本県	1,270	10,400	132,500	128,100
2	北海道	834	7,820	65,200	60,300
3	愛知県	494	9,960	49,200	46,600
4	茨城県	894	5,320	47,600	45,100
5	栃木県	300	10,600	31,700	29,900
全国合計		11,400	6,360	725,200	659,900

（『野菜生産出荷統計』農林水産省、2022）

(2) トマト栽培の基礎

アンデス高地が原産地といわれ、16世紀にアメリカ大陸からヨーロッパに伝わる。日本には江戸時代、長崎に伝わり、明治時代になり食用として利用されるようになった。ナス科一年生の果菜類である。果実の大きさ、果実の色や用途により品種が区分される。

生育に適した環境は、昼温20～28℃、夜温10～18℃と昼夜温の差が必要で、強い光を好む。根が深く伸びるため、耕土が深く有機質に富んだ保水性のある土を好む。生育段階は育苗期（種まきから畑に植えるまで）と開花・結実期（受粉・受精して果実が肥大する）に分けられ、種まき後30日頃から花芽分化し、開花してから40～60日ぐらいで収穫ができる。露地・施設栽培など年間を通して生産されている。

【植物分類・園芸分類】…ナス科、果菜類。

【種類】…………利用法により生で食べる「生食用」とジュース、ケチャップ、ソース等の原料となる「加工用」に区別される。果実の大きさにより「大玉」「中玉（ミディトマト）」「小玉（ミニトマト）」に区分される。果実の色により「赤色系」「黄色系」「桃色系」などに区分される。

【花房】…………花は総状花序で、ブドウの房のように数多く形成された状態である。

【着花習性】……花（果実）は一定の規則で特定の場所にできる。一般的に本葉８～10節に第１花房を作り、その後は葉３枚ごとに花房を作る。１つの花房には４花程度をつけ、１～２週間ごとに開花する。

【両性花】………「雄しべ」と「雌しべ」の両方を備えた花である。

【自家受粉】……両性花であり、同じ花の花粉を同じ花のめしべの柱頭に受粉することで実をつける。なお、トマトと異なり、ほかの花の花粉を受粉することを「他家受粉」という。

【着果を促す方法】…両性花で自家受粉のため花柱が伸びるとき花粉が付着しやすい構造となっている。葯は成熟すると、風が吹いたり、機械的振動が加わったりすると破れる。このため、トマトの施設栽培では風や昆虫が入って来ないことから、受粉を促すために花房を振動させたり、マルハナバチの利用、ホルモン処理法を行うことがある。イチゴやメロンなどの栽培では、ミツバチを利用して受粉しているが、蜜を分泌しないトマトの花にはミツバチが訪れないため、マルハナバチが体を震わせて蜜のない花からも花粉を集める習性を利用して受粉させる方法がある。また、ホルモン処理法は、植物ホルモン剤を柱頭や花房に散布して着果を促す。

【肥大】…………子房が膨らむことをいう。受精すると植物ホルモン（オーキシン）が分泌され、子房（子房壁）が膨らみ果実ができる。

【リコピン】……赤色を発色する天然色素。赤いトマトの色はリコピンによる。

【カロテン】……黄色を発色する天然色素。黄色のトマトはカロテンによる。

【収穫】…………肥大した果実は果頂部から着色し、着色始めを催色期、果実全体が着色し果肉が柔らかくなるころを完熟期という。季節により着色状態を判断して収穫を行う。

【アブラムシ類】…針状の吸収口を刺して樹液を吸収し被害を与える。ウイルス病を媒介する。

【コナジラミ類】…葉の裏に寄生し樹液を吸汁する。排せつ物からすす病が発生する。

【病気】…………えき病、葉かび病、灰色かび病、輪紋病などが発生しやすい。日照不足、低温・多湿条件で発病しやすい。

【生理障害】……カルシウム欠乏の「しり腐れ果」、過繁茂や日照不足などによる受粉不良が原因で果実内のゼリー状物質が充実せず果肉内が空洞となる「空洞果」や、土の乾湿の差が激しいときに発生しやすい「裂果」、花芽分化期に生育がおう盛で、低温が続くと発生しやすい「乱形果」などがある。

【ウイルス病】…トマトモザイクウイルス（ToMV）、キュウリモザイクウイルス（CMV）などの種類がある。治癒する薬はなく、発病した株は撤去するしかない。被害株の樹液にウイルス自体が存在するため、収穫作業、摘果、整枝等の作業で植物体の一部分に傷をつけ伝染するのでハサミ等器具の使用には十分注意する。トマト黄化葉巻病（TYLCV）はタバココナジラミが媒介する。成長点付近が淡くなく黄化し、葉が巻く症状を生じる。開花しても実がつかなくなる。タバココナジラミの防除を徹底する。

【芽かき】………主茎の成長を促すために、えき芽を摘み取る作業。

【主な管理作業】…摘葉、摘芯、摘果などの作業があるので、そのタイミングと目的を十分に理解する必要がある。

図4-4　灰色かび病

(3) トマトの一生

トマトの生育過程には、栄養成長と生殖成長が並行しながら生育を続けるという特徴がある。播種（種まき）から収穫までの期間は作型によって異なり、夏季の栽培では約120日、育苗期間は約60日である。第1花房が開花するころに定植すると、本葉3枚ごとに花房をつけ、次々に開花して結実する。花は両性花で自家受精し、開花後40～60日程度で収穫となる。収穫する花房数は作型によって異なるが、5～15花房くらいであり、ひとつの花房に4～5果結実させる。栽培期間は6カ月から1年になる。

(4) トマトの生育と作型

1）トマトの播種と育苗

トマト栽培には、露地栽培、雨よけ栽培、促成栽培など多様な作型があり、周年生産体系が確立されている。播種は種子を10a当たり60～80mL準備する。トロ箱などに床土を入れ、表面を平らにして、条間6cm、種子間隔1cmでまく。覆土後は十分かん水して、新聞紙などをかぶせて乾燥を防ぐ。青枯れ病やいちょう病、ネコブセンチュウなど土壌伝染性病害虫の予防として、抵抗性を持つ台木に接ぎ木を行うこともある。育苗管理は発芽後に光を十分に当てて、生育が進むにつれて夜温を低くしていく。普通1.5葉期に3～4号のポットに鉢上げを行い、第1花房が開花するころにほ場に定植する。えき芽が多数出るので、時々芽かきを行う。

2）トマトの生育（生育温度、着果習性）

トマトの生育適温は比較的高いが、低温にもよく耐える。高温下では花数も少ないうえに落花が多く、着果や肥大も悪くなって小果となりやすい。一方、低温下では生育は遅れるが、花の発育は良好で充実した大きな花となる。また、日中と夜間の温度較差が大きいと品質のよい果実ができる。昼間の光合成が不足する場合は、夜間温度を低くしてエネルギーの消耗を防ぐことが大切である。トマトの生育には強い光が必要であり、光が不足すると軟弱徒長し、花数が少なく、花質も落ちる。また、落花も多くなる。土に対する適応性は広いが、過湿には弱い。耕土が深く排水のよい有機質の多い土が適する。

トマトの着果習性は、一般的に第1花房が第8～10節の間につき、以後3葉ごとに花房をつけ、それぞれに5～10個の花をつける。品種や育苗期の栄養状態によっては、第1花房の着花位置は第6節から15節の場合もある。また、第2花房以後も1～2葉あるいは4～6葉間隔になることもある。

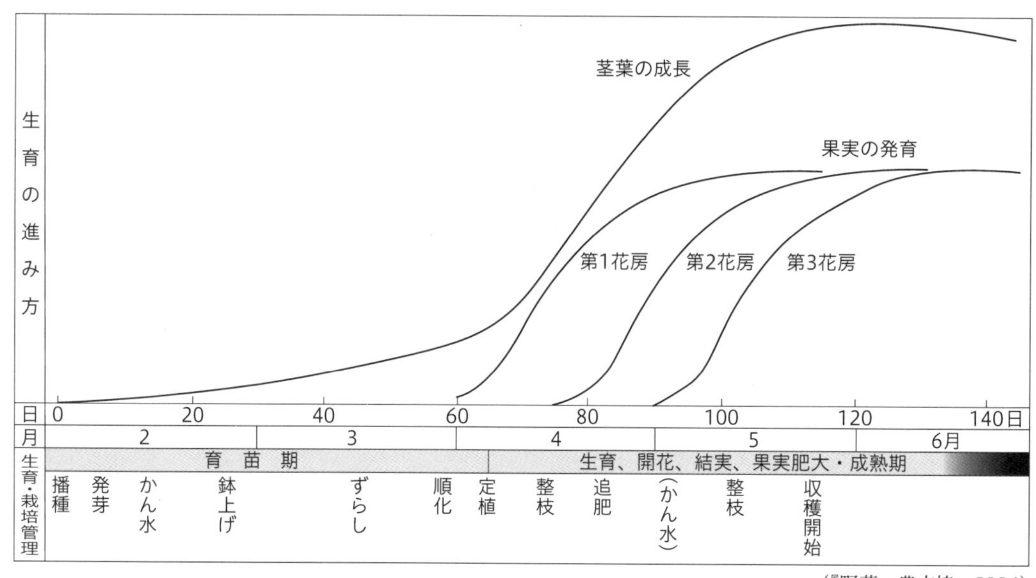

（『野菜』農文協、2004）

図4-5　トマトの生育経過（一生）と主な栽培管理（早熟栽培）

3）トマトの作型

トマトの作型には促成栽培、半促成栽培、露地栽培、早熟栽培、抑制栽培などがある。促成栽培は栽培期間が長く高度な技術が必要であり、半促成栽培は最も多い作型である。

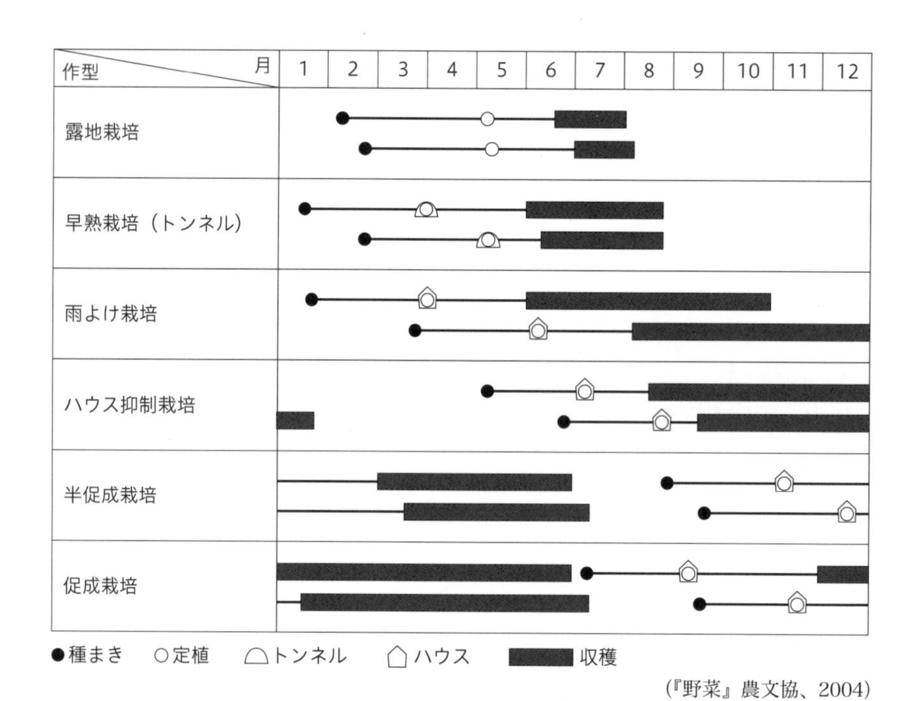

（『野菜』農文協、2004）

図4-6　トマトの主な作型と品種

(5) トマトの植え付け後の栽培管理

植え付け後の栽培管理は、整枝や芽かきなど栄養成長に関する作業と、摘果・着果促進など生殖成長に関する作業に分けられる。

1) 栄養成長に関する作業

安定した果実生産のほかに病害虫発生を未然に防ぐため、整枝、芽かき、誘引を行う必要がある。また、作型の多様化に伴い誘引方法もさまざまなものが現れている。

【整枝、芽かき】…仕立て方は直立1本仕立てにすることが多い。芽かきは晴天の日を選んで、えき芽ができるだけ小さいうちに行い、傷口を小さくする。梅雨明け後は強光による果実の日焼けや裂果を防ぐため、えき芽の葉を1枚残して芽かきし、葉で果実を覆うとよい。

【誘引】…………長期栽培では、つる下ろしなどの誘引方法で整枝を行う必要がある。従来、つる下ろしや斜め誘引が行われてきたが、フラワーネットを利用した省力的な誘引、捻枝による直立Uターンの折り曲げ誘引、側枝どりなども行われている。つる下ろし方式は作業が大変であるばかりでなく生育への負担も大きいので、1回量をあまり多くせず、また回数をなるべく少なくしたい。斜め誘引では、株間をやや広めに取らないと、隣り合う株の茎間が接近して日照不足となりやすい。作業終了後は直ちにかん水して株の負担を軽減する。

2) 生殖成長に関する作業

果実品質と収穫量を確保するため、以下のような作業を行う。

【着果促進】……低温期や高温期には落花防止と着果促進のためにホルモン処理を行うが、つぼみに処理したり重複散布したりすると空洞果になりやすい。施設内では受粉作業の省力化のために、マルハナバチ利用が実用化している。外国産はツ

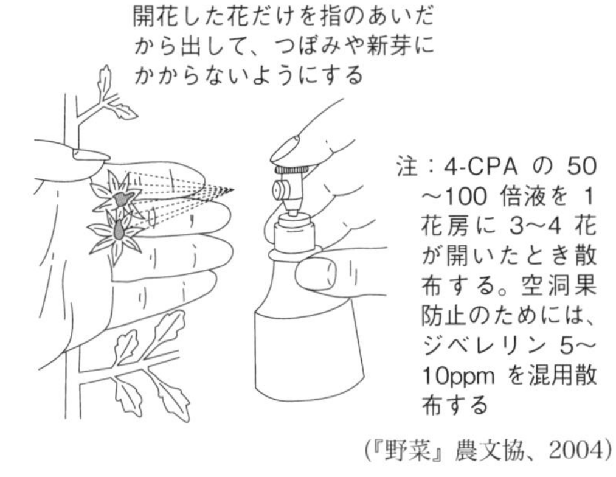

(『野菜』農文協、2004)

図4-7 ホルモン剤の処理方法

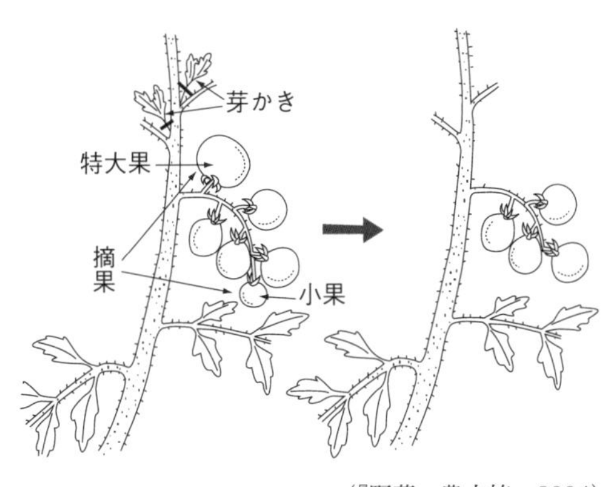

(『野菜』農文協、2004)

図4-8 整枝と摘果の方法

チマルハナバチ、国産はオオマルハナバチが市販されている。

【摘果】…………そろった果実を収穫するため、果実をできるだけ小さいうちに取り除く。1つの花房には4、5果結実させる。

(6) トマトの病害虫と生理障害

トマトが被害を受ける病気は、えき病、葉かび病、ウイルス病などがある。害虫はアブラムシ類やヨトウムシ、テントウムシダマシなどが発生しやすい。また、しり腐れ果、すじ腐れ果、空洞果、乱形果などの生理障害果が発生することもある。

1) トマトの病害虫

管理作業をきちんと行い、栽培環境を整えることで病害虫の発生を未然に防いでいくとともに、発生初期に対処することが大切である。

【えき病】………葉、茎、果実に不規則な暗褐色の病斑ができ、ひどいと枯死する。低温・多湿のときや、茎葉が軟弱に成長しているときに発病しやすい。また、連作やジャガイモの後作で発生しやすい。採光をよくし、茎葉が茂り過ぎないようにし、初期の薬剤散布で防ぐ。

【葉かび病】……葉の表面が局所的に黄変し、裏面に灰色でビロード状の胞子（かび）が密生し、後に表面にも胞子が出る。ハウス栽培で発生しやすく、まん延すると葉が枯死し着果不良となる。対抗性品種を用いるか換気に努め、発生初期に防除する。

【ウイルス病】…葉が細く変形し緑の濃淡のモザイク症状が出て生育や着果が悪くなり、一度発生すると回復しない。キュウリモザイクウイルス（CMV）はアブラムシが媒介し、トマトモザイクウイルス（ToMV）は種子や作業で接触した汁液で伝染する。抵抗性品種を用いるか、媒介昆虫のアブラムシを防除し、畑、資材、手などを清潔にする。発病した株はただちに焼却する。トマト黄化葉巻病（TYLCV）はタバココナジラミが媒介するウイルスが病原である。

【害虫】…………アブラムシ類、ヨトウムシ、テントウムシダマシなどがあり、葉、果実の食害やウイルス病の伝搬などの被害がある。日頃から発生の有無をよく観察し、初期の薬剤散布で防ぐ。

表4-3　トマトの主な病気

病原菌	病気
ウイルスによるもの	モザイク病、黄化えそ病、黄化葉巻病
細菌によるもの	茎えそ細菌病、黒班細菌病、斑点細菌病、軟腐病、かいよう病、青枯れ病
糸状菌によるもの	えき病、輪紋病、斑点病、炭そ病、うどんこ病、葉かび病、灰色かび病

2）トマトの病害虫防除

アブラムシ類やコナジラミ類は、黄色に誘引される性質があるため、これを利用した粘着トラップで捕獲することができる。アザミウマ類には青色を用いる。また、アブラムシ、コナラジラミ、アザミウマなどはキラキラ光るものを嫌う性質があるので、銀色の光反射マルチで覆うことで害虫の飛来を防止する。

3）トマトの生理障害

表4-4 トマト果実の生理障害と発生要因

生理障害	発生要因
乱形果・変形果 (catface fruit)	花芽の分化前後から発育初期にかけて5～6℃の低温にあうとともに、養水分の過剰によって心皮数が異常に分化して多心皮の子房がつくられ、各心皮の発育が不均一になって発生する。程度が軽微なものは、変形果と呼ばれる。
空洞果 (puffy fruit)	受粉・受精が完全に行われず種子の形成が不完全だったり、低日照の時期に植物成長調製物質を不適切に処理すると、ゼリー部の発達が不十分になって発生する。
しり腐れ果 (blossom-endrotted fruit)	受粉後2～3週間程度のピンポン玉以下の果実が、根からの水分供給が不十分で地上部がしおれた状態になり果実に十分なカルシウムが供給されないか、果実が急激に肥大する時期に果実へのカルシウムの取り込みが不足し、果頂部にカルシウム欠乏が起こって細胞が褐変、壊死する。
裂果 (cracked fruit)	果実の成熟期近くになって果皮が裂片する現象と、生育途中からがくのまわりに放射状あるいは同心円状の裂片がみられる現象がある。前者の裂果は急激な水分の吸収により助長され、裂皮と呼ばれることもある。後者は強光高温により引き起こされるとされているが、原因は特定できていない。
条（すじ）腐れ果	果皮部の維管束が壊死し、黒変や褐変した果実。日照不足による同化産物の不足やカリの吸収不足により発生する。
チャック果	果実の表面に、がく周辺部から果頂部にかけてコルク化した細いチャック上のすじが入る。子房発育時の軽度の低温により発生する。
窓あき果	果実の肥大にともないコルク化したすじの部分が裂開して、果実が窓を開けたようにゼリー部がみえるようになった果実。子房発育時の強度の低温により発生する。

（『野菜園芸学の基礎』農文協、2014）

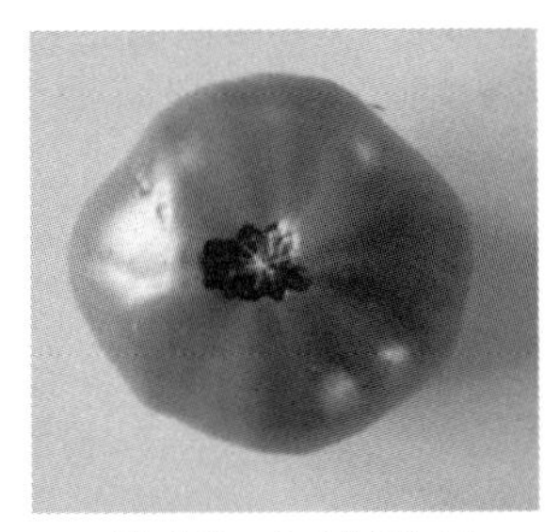

図4-9 しり腐れ果

図4-10 乱形果

図4-11 裂果

（参考４）植物の光条件と害虫防除への活用

太陽照射のうち植物が光合成に活用できるのは、波長の短い近紫外線や長い遠赤外線を除いた青色・緑色・赤色の波長400〜700nm域である。特に光合成のピークは青色波長帯（400〜500nm）と赤色波長帯（600〜700nm）といわれている。

一方、害虫が誘引される色も周知されており、赤色にはタバコガ・ヨトウムシが、黄色にはアブラムシ・コナラジミが、青色にはアザミウマなどが誘引される。野菜には黄色の粘着トラップや蛍光灯を利用した物理的防除も知られている。

また、近赤外線は300〜400nmであるが、昆虫が紫外線に感受性が高いことから紫外線を通さないフイルムも開発され、アブラムシ類・コナジラミ類・アザミウマ類（スリップス）の発生を抑える工夫もなされている。

病気ではないが果実の色（アントシアンなど）の発色にも紫外線が必要である。

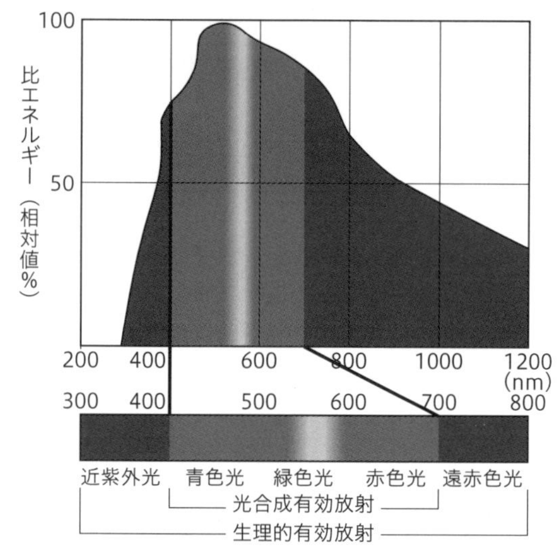

（『野菜園芸学の基礎』農文協、2014）

太陽放射の波長別分類

農業技術
一口メモ

オランダ産トマトと日本産トマト

野菜の中で最も生産額の大きいのがトマトだが、日本産トマトの平均収量は10a当たり約10t、最先端を走るオランダ産は60〜70tで、日本産はその５分の１〜６分の１程度である。しかし単なる単収比較だけでなく、オランダと日本とのトマト生産事情の比較が難しいことに配慮する必要がある。

トマトの開花・結実適温は23〜28℃、夜温10〜18℃であるが、オランダの緯度はサハリンと同程度で夏の最高気温は19〜21℃で涼しい。トマトの作型も夏を含む長期栽培で、しかも多段栽培である。単収は多いが糖度は５度程度でドイツ・フランスに輸出している。

一方、日本のトマト栽培は夏の高温があるので、夏越しする長期栽培ではなく夏秋栽培と冬の促成栽培の作型に大きく分かれる。しかも糖度の高さを重視して、大玉からミニトマトまでの多様な品種が特色である。日本でも糖度を抑えて単収50t収量を実現する取り組みが進められている。

◆例題◆

トマトの生理障害果についての説明として、最も適切なものを選びなさい。

① しり腐れ果は、低温や過湿、窒素不足などにより、カルシウムの吸収が促進されることで発生する。
② 空洞果は、過繁茂や日照不足などにより、果実内のゼリー部の発達が悪くなることで発生する。
③ 乱形果は、生育が悪く、高温が続くことなどにより、花芽が異常となることで発生する。
④ 裂果は、土壌の水分変化が少ないことなどにより、果実肥大が抑制されることで発生する。
⑤ すじ腐れ果は、日照が多く、窒素不足、カリウム過剰などにより、果実内の維管束部分が褐変することで発生する。

正解　②

※参考：「日本農業技術検定２級過去問題集」には野菜の具体的な出題問題と解説が収録されています（別売り）。

◆例題◆

トマトの受粉・結実の説明として、最も適切なものを選びなさい。

① 単為結果品種の結実には、ホルモン剤の散布が必ず必要である。
② 単為結果品種の結実には、振動受粉が必ず必要である。
③ 高温や低温時には、４－ＣＰＡ液剤を使用すると、着花が促進される。
④ 高温や低温時には、ミツバチの放飼が必要である。
⑤ トマトの振動受粉では、バイブレータなどの使用が必須であり、送風機（ブロアー）による振動では全く受粉しない。

正解　③

◆例題◆

トマトの空洞果防止で利用される植物ホルモンとして、最も適切なものを選びなさい。

① アブシジン酸
② ４－ＣＰＡ（オーキシン）
③ エチレン
④ ジベレリン
⑤ サイトカイニン

正解　④

◆例題◆

害虫の光に対する特性を利用した物理的防除法の記述として、（A）～（C）に入るものはどれか。

「(　A　) を通さないプラスチックフィルムをハウスの被覆材とすることでアザミウマ類の発生を抑制できる。コナラジラミ類は（　B　）に誘引される性質があるので、これを利用した防除資材として粘着トラップがある。(　C　) のマルチフィルムはアブラムシ類の飛来を抑制する効果がある。」

	A	B	C
①	赤外線	赤色	黒色
②	紫外線	黄色	銀色
③	赤外線	黄色	白色
④	紫外線	青色	黒色
⑤	赤外線	赤色	銀色

正解　②

◆例題◆

写真の矢印の示す黄色の粘着トラップの効果として、最も適切なものを選びなさい。

① アブラムシ類やコナジラミ類の捕獲
② フェロモンによる害虫の捕獲
③ アブラムシの忌避
④ 天敵による害虫防除
⑤ 薬剤による病害防除

正解　①

3. キュウリ

(1) キュウリの種類と生産状況

1) キュウリの種類

キュウリは白いぼキュウリと黒いぼキュウリに大別され、白いぼキュウリは国内で栽培されるキュウリの大半である。白いぼキュウリは表面に白い粉（ブルーム）が出るブルームキュウリと白い粉が出ないブルームレスキュウリに分かれる。現在はブルームレスキュウリが主流である。ブルームレスキュウリはブルームレス台木に接ぎ木して生産されている。

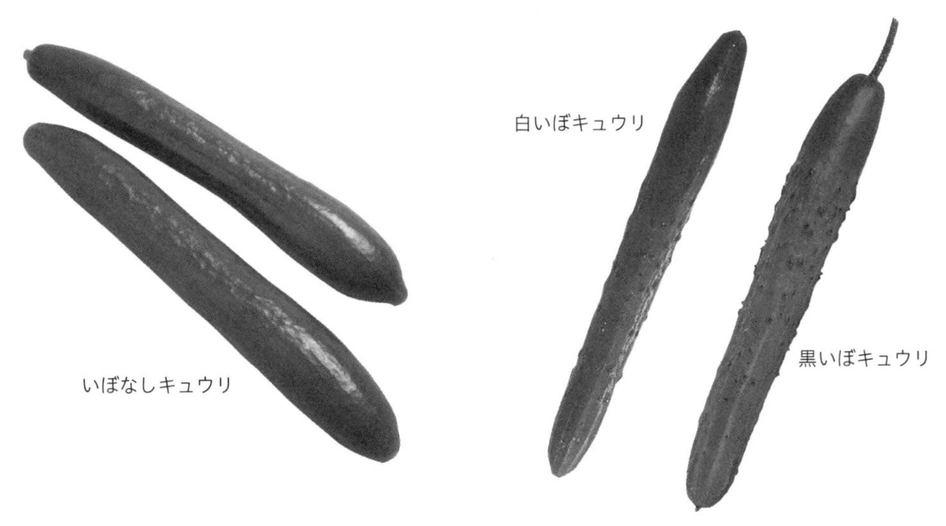

図4-12 キュウリの種類 （(独）農畜産業振興機構）

2) キュウリの主要産地

キュウリの令和3年産の生産面積は1,620ha、出荷量は47万8,800tで、果菜類ではトマトに次いで第2位である。主要産地は宮崎県、群馬県、埼玉県、福島県、千葉県。

表4-5 キュウリの主要産地（令和3年）

順位	産地	作付面積（ha）	10a当たり収量（kg）	収穫量（t）	出荷量（t）
1	宮崎県	604	10,500	63,700	60,100
2	群馬県	791	6,810	53,900	48,400
3	埼玉県	592	7,690	45,500	41,300
4	福島県	678	5,800	39,300	35,400
5	千葉県	433	7,210	31,200	28,300
全国合計		1,620	7,700	551,300	478,800

（『野菜生産出荷統計』農林水産省、2022）

(2) キュウリ栽培の基礎

インドのヒマラヤ山麓が原産地といわれ、シルクロード経由で中国に伝わる。日本には平安時代に中国から伝わるが、明治時代になり本格的に栽培が始まった。

生態的特徴として、茎はつる性状である。花は雌雄異花で果実は受粉・受精しなくても雌花が肥大する（単為結果）。生育環境として、25℃前後の気温を好む。強い光を必要としないが、光線が不足すると奇形果の原因となる。根は浅根性のため乾燥に弱く、保水性、通気性の良い土に適する。収穫時期までの生育期間は短く、種まき後70日ぐらいで収穫できる。冬季の生育促進、土壌伝染性の病害虫対策、ブルーム対策としてつぎ木苗を活用している。花（果実）ができる場所を調べると、葉えき（節）に雌花が着生する。雌花は、低温（夜温が約15℃）・短日（日長約8～7時間）の環境下で花芽分化が促進される。栽培管理上、自立できないため倒れないように誘引、株全体が茂り過ぎないように摘葉、上に伸びないように摘芯などの作業が必要である。栄養的には、95%が水分でビタミンCは14mg/100g含む。

【植物分類・園芸分類】…ウリ科、果菜類。

【ブルーム】……果実表面の白い粉状のロウ物質。新鮮な果実にみられ健康に害はない。

【接ぎ木の台木】…接ぎ木の際に土台となる部分を「台木」という。キュウリの接ぎ木は主に「ブルームレス」化することや「つる割れ病」の予防のために行う。ブルームレス台木はケイ酸の吸収が著しく少ない。

【接ぎ木の種類】…接ぎ木には「挿し接ぎ」「呼び接ぎ」「割り接ぎ」がある。接ぎ木の場合、穂木と台木の形成層を合わせ、高温・多湿で直射日光をさえぎる環境で管理すると癒傷（ゆしょう）組織（傷口を治そうとする細胞）の再生を促し、切り口が癒着（結合）する。

【親づる】………種子から発生した主茎をいう。茎はつる状になる。

【子づる】………親づるの葉えき（節）から発生するつるを子づる（側枝）という。

【雌雄異花】……「雄しべ」だけの花「雄花」と「雌しべ」だけの花「雌花」ができる。

【他家受粉】……キュウリは、雌雄異花のため、ほかの花の花粉で受粉する。

【単為結果】……実際のキュウリでは、受粉しなくても子房が肥大して果実ができる。

【節なり】………キュウリ（雌花）が節（本葉の付け根の部分）の箇所に連続して着果する習性。

【飛び節】………節によっては雄花が着生してキュウリ（雌花）が飛び飛びに着果する習性。

【誘引】…………つる性の植物で自立できないため、支柱やひもで倒れないようにすること。

【摘葉】…………風通しを良くすることや若い葉に日光が多く当たるように、古くなった葉や病気の葉を取り除くこと。

【摘心】…………成長点（芯ともいう）を摘み取ること。摘芯することにより、生育をストップさせることができる。摘芯により子づる（側枝）の発生が促進される。

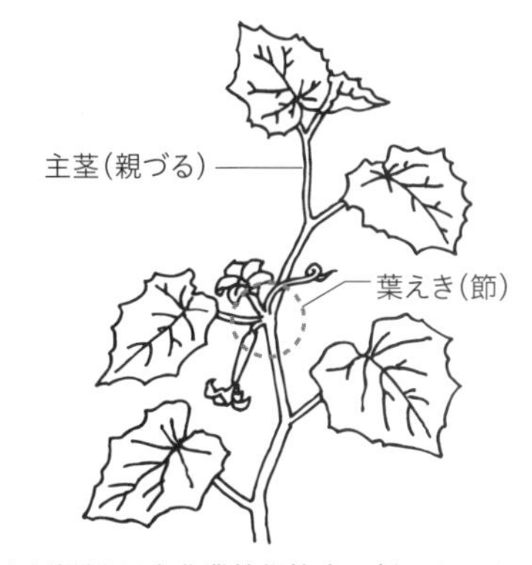

（『改訂新版 日本農業技術検定 3級テキスト』
全国農業高等学校長協会、2020）

図4-13　親づる・子づる

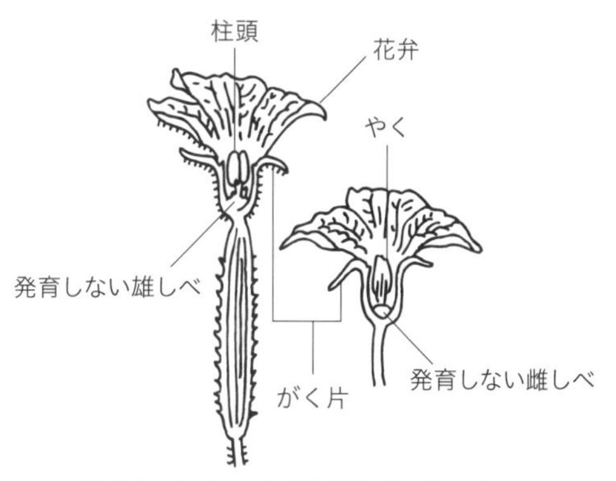

（『改訂新版 日本農業技術検定 3級テキスト』
全国農業高等学校長協会、2020）

図4-14　雌雄異花（雌花と雄花）

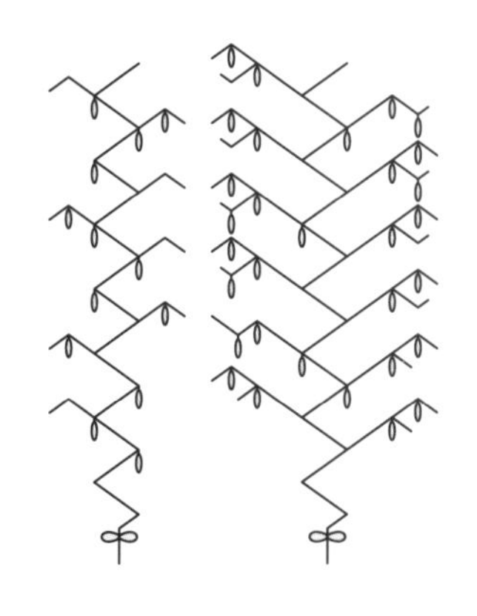

（『改訂新版 日本農業技術検定 3級テキスト』
全国農業高等学校長協会、2020）

図4-15　着果習性（飛び節）

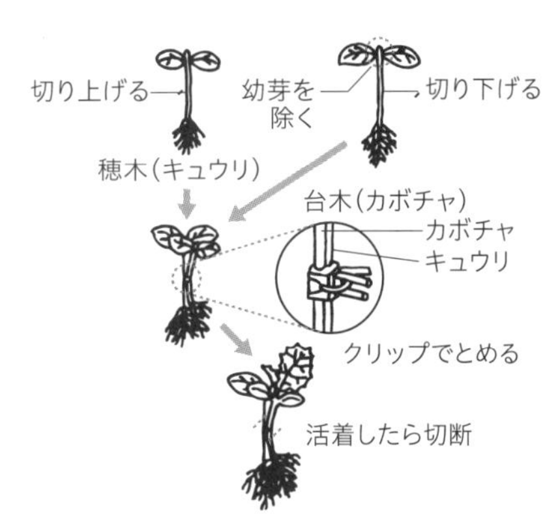

（『改訂新版 日本農業技術検定 3級テキスト』
全国農業高等学校長協会、2020）

図4-16　接ぎ木（呼び接ぎ）

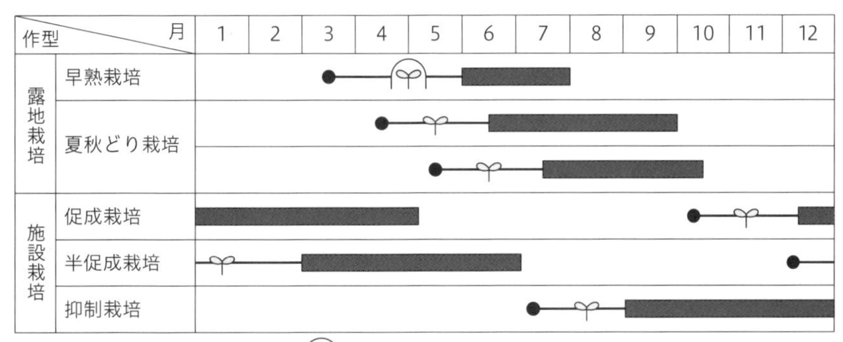

（『改訂新版 日本農業技術検定 3級テキスト』全国農業高等学校長協会、2020）

図4-17　キュウリの作型

【うどんこ病】…葉や果実表面に小麦粉をまぶしたように白く病斑が発生する。比較的乾燥した状態でも多発し、空気伝染する。

【べと病】………葉脈に沿って多角形の黄褐色に病斑が発生する。

【ウイルス病】…キュウリモザイクウイルスでモザイク（緑の色が濃い部分と淡い部分が混在）症状が葉等に発生する。発生したら治す薬はなく、撤去して伝染を抑える。

【つる割れ病】…地ぎわ付近の茎（つる）に割れ目ができる。傷口からは赤褐色のやにが出る。

【ウリハムシ】…ウリ類の株元に成虫が産卵し、ふ化した幼虫が根に害を加える。成虫は葉を食害する。

【生理障害】……不良環境（温度、光、栄養など）により生育が変調し、キュウリの形が変形する。主にしり太り果、しり細り果、曲がり果がある。

図4-18　曲がり果

(3) キュウリの一生

キュウリは播種（種まき）から収穫を始めるまでの日数が約70日であり、果菜類の中ではオクラやサヤインゲンなどと並んで最も生育が早い。

キュウリは茎葉を伸ばしながら果実を肥大させて、栄養成長と生殖成長が同時に進行するが、未熟果で収穫するので、正常な栄養成長を促すことが質の良い品を多く収穫することにつながる。本畑での生育は、まず親づる（主茎）が伸び、主茎の葉えいに雌花や雄花が咲く。雌花は受精しなくても、果実として大きくなり、開花後7日から10日で収穫する。果実の肥大する速度が速く、未熟な果として収穫する。その後、親づるから子づる・孫づる（側枝）が伸び、同じく雌花や雄花が咲く。受精した果実を収穫せずに発育させると、開花後40日から50日で果実の大きさは40〜50cmに達し、胚は発育して種子になる。

(4) キュウリの生育特性と栽培作業

キュウリの根の生育には通気性が求められるため、床土は腐葉土などの有機物を十分に含んだものがよい。種子は消毒してすじまきにする。子葉が完全に展開し、本葉が開き始めたら移植（鉢上げ）する。

つる割れ病など土壌伝染性病害の予防や、温度や土壌水分などの環境条件に対応しやすくするため、カボチャを台木として接ぎ木を行うこともある。本葉3枚から4枚の苗が定植に適しており、根鉢を崩さないように注意して植え付ける。定植後は十分にかん水する。元肥は堆肥や有機質肥料を十分に施し、追肥は収穫開始後に10日間隔を目安に、少しずつ分けて施す。

支柱栽培が多く、直立式、合掌式、ネット式などの方式がある。強度や作業性を考慮して設置する。摘葉は通風や採光をよくして果実品質を高め、管理作業をしやすくするために欠かせない。黄色に老化した葉や病害虫に侵された葉は取り除く。整枝法は着果習性や栽培環境などによって異なり、下葉を除き過ぎると樹勢の低下をまねきやすいので注意する。

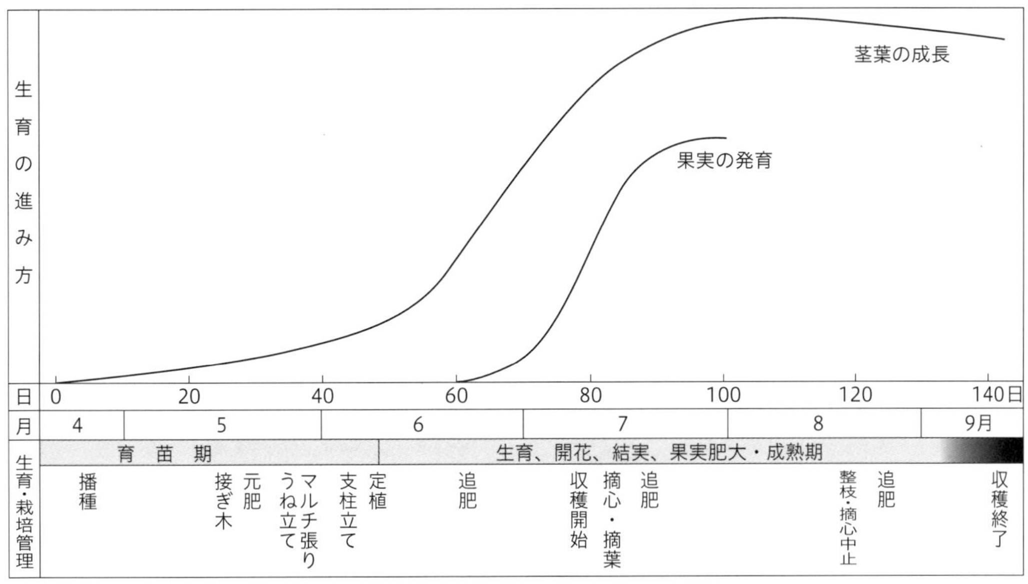

（『野菜』農文協、2004）

図4-19 キュウリの生育過程（一生）と主な栽培管理（露地栽培）

キュウリはトマトのような強い光を必要としないが、光が不足すると収量や品質が低下する。本来は高温を好む野菜で低温下では生育が妨げられるが、日本の盛夏期はキュウリにとってはむしろ高温過ぎるので注意が必要。自然環境下で栽培しやすいのは春から夏にかけてである。

キュウリの根は浅根性のため、乾燥には弱い。有機物と土壌水分が十分であれば、砂壌土から埴壌土の範囲で生育するのがよい。土壌酸度は弱酸性を好む。キュウリの花は雌花と雄花に分かれており（雌雄異花）、それらが同じ株に着生する雌雄同株である。性の決定は環境条件に影響されやすいが、その感受性や雌花の着生能力は種類、品種によって遺伝的に異なる。現在では果色が濃緑で、果実の表面に果粉（ブルーム）が発生しないブルームレス台木に接ぎ木して栽培することが多い。

(5) キュウリの着果習性と果実の発育

キュウリの着果習性は、親づるや子づるなどへの着花の仕方によって4つのタイプに分かれる。また、果実は受粉・受精しなくても結実する。

1) 4つの型の着果習性

キュウリの雌花のつき方（着果習性）は、大きく節なり型と飛び節型に分かれ、以下の4つの型に分類される。ただし、着果習性は、日長、気温、日照、肥料のほか、株の老若などの影響も受ける。一般には、低温・短日で節成（ふしなり）性が強くなる。

【節成性親づる型】…親づるの各節に雌花が着花する。

【節成性親づる・子づる型】…親づるの各節および子づる・孫づるに着花する。

【飛び節性親づる・子づる型】…親づるは雌花をつける節とつけない節があり、子づる・孫づるにも着花する。

【飛び節性子づる型】…親づるにはほとんど着花せず、子づる・孫づるに着花する。

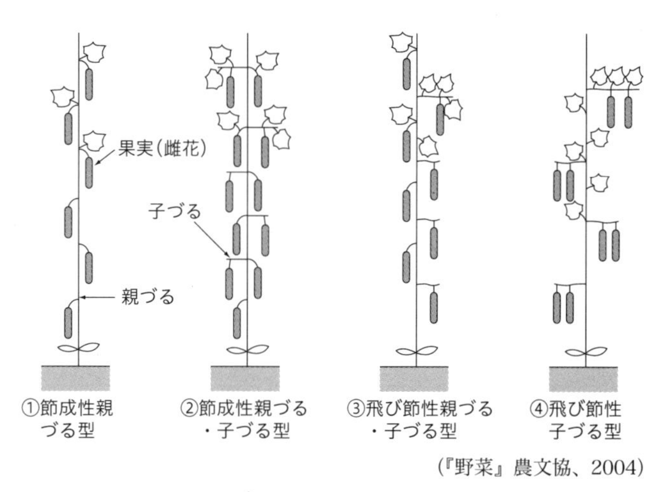

(『野菜』農文協、2004)

図4-20 着果習性

2）果実の発育

【受粉】…………キュウリの花は雌雄異花で、自然条件下での受粉は虫媒による他花受粉であるが、単為結果性が強く、受粉・受精しなくても結実する性質がある。

【肥大】…………開花後3～4日は比較的緩やかに肥大するが、5～6日目には1日に2倍近い大きさに肥大する。果実が肥大するのは昼間よりも夜間で、特に日没頃から4～5時間の間に最も盛んに肥大する。昼間の生育適温は23～28℃であるが、果実の発育には、夜温は低め（13～15℃、地温18℃くらい）が適している。35℃以上の高温では、呼吸による消耗が光合成量を上回り生育悪化となる。

【土壌水分との関係】…果実の95%以上は水分であり、土壌水分は果実の肥大に重要な役割を果たしている。果実の肥大期に水分が不足すると果実の肥大が著しく悪くなったり、曲がり果やしり細り果などの変形果が生じやすくなる。

(6) キュウリの病害虫と防除

キュウリが被害を受ける主な病気は、苗立枯れ病、べと病、つる割れ病、ウイルス病などである。害虫では、アブラムシ類、オンシツコナジラミ、ウリハムシやミナミキイロアザミウマなどの被害を受けやすい。

1）キュウリの病害

キュウリは病害の種類が多く、栽培に関しては注意が必要である。キュウリの主な病害とその対策は以下のとおりである。

【苗立枯れ病】…発芽後に苗の地ぎわ部が軟化し腐敗する。種子や資材から伝染することがあるので、播種前に種子消毒するとともに、苗鉢や床土などの消毒を行う。

【べと病】………葉の葉脈間に多角形の黄褐色の病斑を作る。高温・多湿や肥料切れで起こりやすい。適度な追肥を行うとともに、摘葉などにより風通しをよくする。発生時は薬剤で速やかに防除する。

図4-21 べと病

【つる割れ病】…株もとの茎に割れ目ができ、赤褐色のやにを出す。土壌伝染性の病害であり、土壌消毒や抵抗性台木への接ぎ木により予防する。

【ウイルス病】…葉に緑の濃淡のモザイク症状が出て、生育や着果が悪くなり、一度発生すると回復しない。キュウリモザイクウイルス（CMV）やカボチャモザイクウイルス（WMV）があり、アブラムシなどの害虫や、作業で接触した汁液で伝染する。媒介昆虫のアブラムシを防除し、畑、資材、手などを清潔にする。発病した株はただちに焼却する。ウイルス病にはこのほかにミナミキイロアザミウマが媒介するキュウリ黄化えそ病や、タバココナジラミが媒介する退緑黄化病などがある。

2）キュウリの害虫

キュウリの害虫には以下のようなものがある。薬剤による防除のほか、天敵や微生物剤により防除を行う。寒冷紗によって外部からの侵入を防ぐことも効果的である。またシルバーマルチを使用することにより飛来を抑制することができるものもある。

【アブラムシ類、オンシツコナジラミ】…葉や茎から吸汁し、ウイルス病の伝搬などの被害がある。発生が多くなると、葉や茎がすすで覆われたようになり、キュウリの生育が悪くなる。

【ウリハムシ】…成虫は主に葉を円形に食害し、果実を食害することもある。一方、幼虫は根部を食害する。成虫による被害は、植物体が大きくなればさほど問題はないが、幼苗期の食害は生育が抑制され、ひどい場合には植え替えが必要になる。

【ミナミキイロアザミウマ】…主に葉を食害し、発生密度が高くなると葉が変形する。まん延すると防除が難しいので、発生初期に徹底した防除が必要である。

◆例題◆

キュウリ栽培の説明として、最も適切なものを選びなさい。

① キュウリではカルシウム不足になるとしり腐れ果が発生しやすくなる。
② キュウリのしり細り果は水分不足になると発生しやすくなる。
③ キュウリのつる割れ病は生理障害である。
④ キュウリのうどんこ病は空気が多湿になると発生が多くなる。
⑤ キュウリのうどんこ病の対策として土壌消毒が有効である。

正解 ②

◆例題◆

キュウリの生育特性の記述として、最も適切なものを選びなさい。

① ホウレンソウと同じで雌雄異株である。
② 受粉・受精が行われなくても果実が肥大する。
③ トマトと同じで両性花をつける。
④ 夜間の温度は低い方が、雄花になりやすい。
⑤ 人工授粉及びミツバチ等の訪花昆虫による受粉が必要である。

正解 ②

◆例題◆

キュウリ栽培の説明として、最も適切なものを選びなさい。

① 雌花の発生を促進するためには、生育適温内では、夜温を低く管理する。
② 雌花の発生を促進するためには、生育適温内では、夜温を高く管理する。
③ 長日の方が、雌花の発生が多くなるため電照を行う。
④ 果実の肥大を促進するため、人工授粉が行われている。
⑤ 果実の肥大と、曲がり果の発生を少なくするためには、乾燥状態で管理する。

正解 ①

◆例題◆

キュウリの葉に白い粉状のものが発生した写真の病害の記述として、最も適切なものを選びなさい。

① 日照不足で多発し、土壌伝染する。
② 比較的低い湿度で多発し、空気伝染する。
③ 降雨後に多発し、水媒伝染する。
④ 雨滴やかん水などの水滴により胞子が飛散し、多発する。
⑤ 種子伝染するので種子消毒が必要である。

正解 ②

4. ナス

(1) ナスの種類と生産状況

1) ナスの種類

ナスは関東の「卵形ナス」、東海・関西の「長卵形ナス」、東北や関西以西の「長ナス」、九州の「大長ナス」、北陸・京都の「丸ナス」、山形の「小ナス」など地方色が強い作物である。

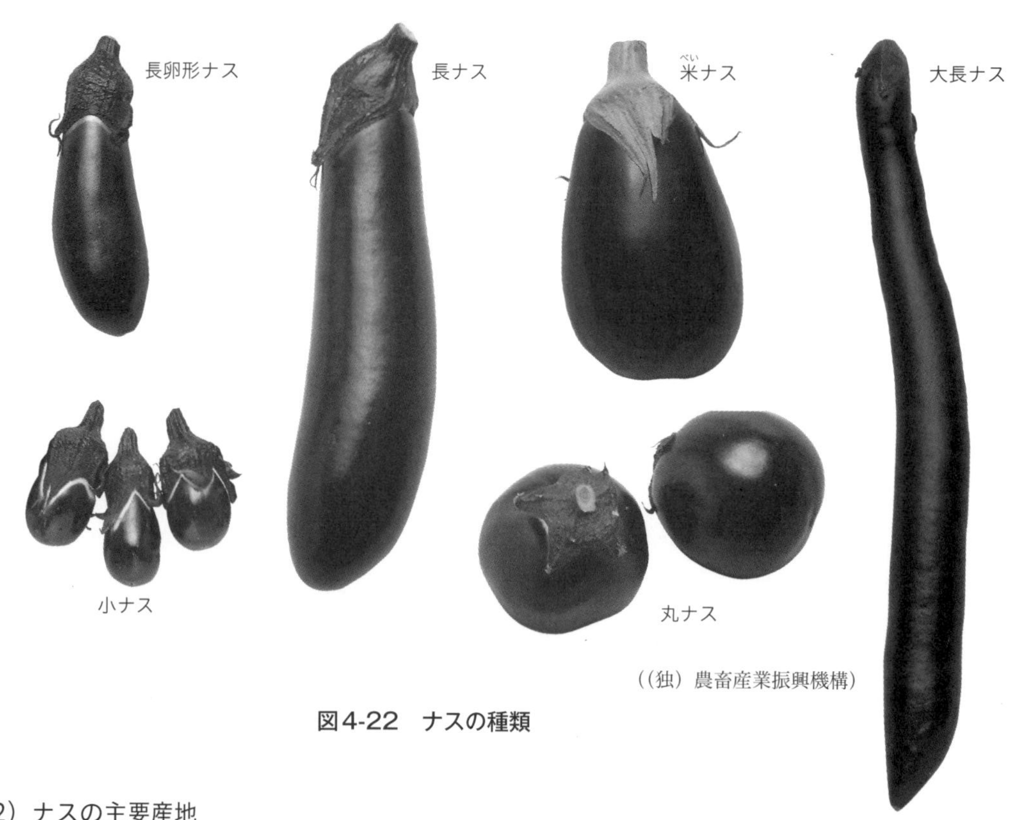

図4-22 ナスの種類

2) ナスの主要産地

表4-6 ナスの主要産地（令和３年）

順位	産地	作付面積（ha）	10a当たり収量（kg）	収穫量（t）	出荷量（t）
1	高知県	314	12,500	39,300	37,400
2	熊本県	406	8,200	33,300	30,700
3	群馬県	525	5,220	27,400	23,500
4	福岡県	230	7,740	17,800	16,300
5	茨城県	427	4,240	18,100	15,900
全国合計		8,260	3,600	297,700	237,800

（『野菜生産出荷統計』農林水産省、2022）

(2) ナス栽培の基礎

ナスはインドが原産で、7世紀頃に中国を経由して日本に伝わってきた。江戸時代の初期には促成栽培（早出し）が始まるなど、栽培技術も普及している最もポピュラーな野菜の一つであった。ナスは自家受粉作物でたくさんの花が実を結ぶ。これは雌しべが雄しべより長くなる長花柱花という特性によることが大きい。品種としては、最も多い長卵形のナスのほか、長ナス、米ナス、小ナスなど地域特産品種が豊富である。ナスの消費は6～9月が中心であるが、冬春ナスは日持ちするため西南暖地から長距離輸送されている。育苗はキュウリと同様に接ぎ木育苗が盛んである。

【植物分類・園芸分類】…ナス科、果菜類。

【生育の特性】…播種から収穫までにかかる日数は約100～120日前後。露地栽培では、盛夏は高温で着果しにくいため7月下旬頃に各枝を3分の1くらいに切り戻す更新せん定を行い、秋ナスを着果させる。

【着果と発育】…ナスは主枝から側枝が発生し、葉えきに両性花をつけ自家受粉する。開花前日から開花後2～3日の間に、訪花昆虫や風の働きで受粉することができれば着果し、開花後5日後過ぎから果実が肥大していく。

【生育環境】……高い温度と強い光を好む。生育適温は昼間25～30℃、夜間13～18℃で、発芽適温は25～30℃である。光飽和点は4万～6万lx(ルクス) と比較的高い。

【花芽分化】……花のつく位置は環境条件や栄養条件に左右されるが、一般的には主枝の第7葉から第9葉の前後の節間に第1花がつき、その後、葉数2枚ごとに花をつけていく。生育良好であれば長花柱花（雌しべが雄しべより長いので受粉しやすい。雄しべの上に柱頭がくる）になり、生育が悪いと短花柱花（雌しべが雄しべより短い）になる。

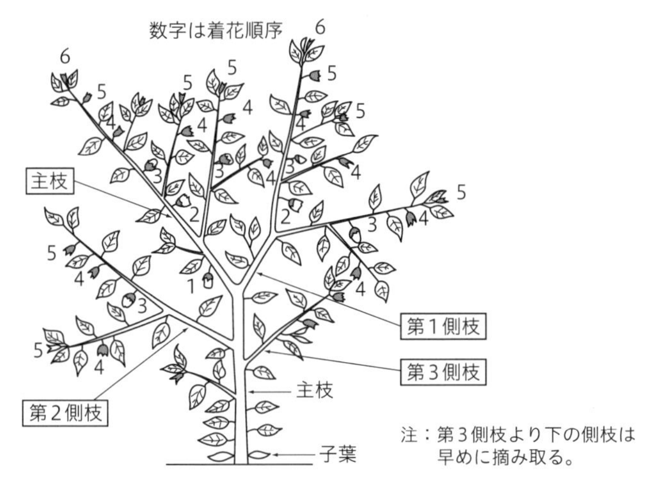

（『改訂新版 日本農業技術検定 3級テキスト』全国農業高等学校長協会、2020）

図4-23 ナスの着果習性

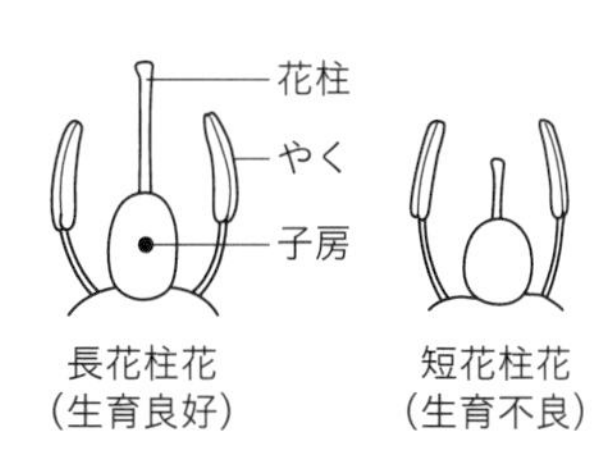

（『改訂新版 日本農業技術検定 3級テキスト』全国農業高等学校長協会、2020）

図4-24 花の素質と花柱の長さ

【種まき・育苗・接ぎ木】…播種後7日程度で発芽する。葉が2枚程展開したころ鉢に移植する。苗の移植後、1週間前後から温度を下げてならし（順化）をする。さらに、接ぎ木は青枯れ病、半身いちょう病などの土壌性伝染性病害の予防のために行い、台木はアカナス、トルバムビガー、VFナス、トナシムなどを用い、チューブを用いた幼苗つぎが行われる。台木の種類により病害抵抗性の強弱がある。

【病害虫】………高温期には半枯れ病や青枯れ病、低温期には半身いちょう病などが発生する。ナスを好む害虫はハダニ類、アブラムシ類、オンシツコナジラミなどがある。

農業技術
一口メモ

野菜の接ぎ木栽培

2009年の（独法）農研機構野菜茶業研究所の調査によると、わが国のスイカの94%、キュウリの93%、ナスの79%、トマトの58%、ピーマンの16%は耐病、強健性台木を利用した接ぎ木栽培である。接ぎ木栽培の普及は海外でもみられ、オランダのトマト、スペイン・イタリアのスイカはほぼ100%接ぎ木苗利用であるとされている。

わが国で、初めて接ぎ木を実用化したのは、カボチャの台木にスイカを接いだもので、土壌伝染性病害のつる割れ病を回避するため。その後、青枯れ病対策でナス栽培、つる割れ病やブルームレス対応でキュウリ栽培でも導入された。

(参考5)野菜の接ぎ木の方法と目的

接ぎ木の方法には挿し接ぎ、呼び接ぎ、割り接ぎなどがある。挿し接ぎは台木に穴を開けて穂木を差し込む、割り接ぎは台木に切り込みを入れて穂木を接ぐもの。接ぎ木の方法と利用する野菜の種類は次の通り。

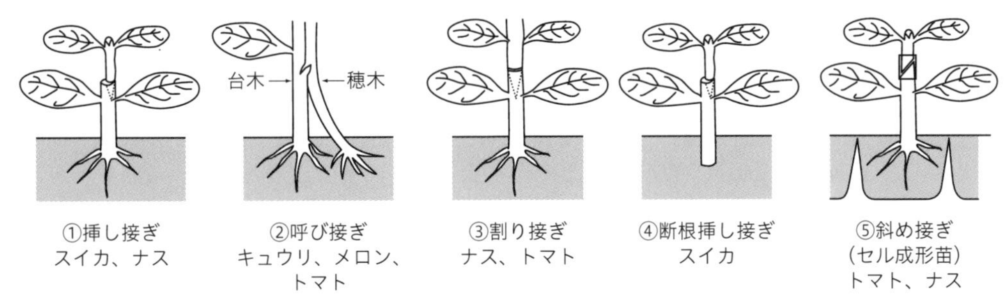

①挿し接ぎ　スイカ、ナス
②呼び接ぎ　キュウリ、メロン、トマト
③割り接ぎ　ナス、トマト
④断根挿し接ぎ　スイカ
⑤斜め接ぎ(セル成形苗)　トマト、ナス

(『野菜』農文協、2004)

接ぎ木の目的と主な台木

目的	野菜の種類		内容
	穂木	台木	
土壌伝染病害の回避	トマト	共台	青枯れ病、いちょう病などの回避
	ナス	アカナス、トルバムビガー、共台	青枯れ病、半身いちょう病などの回避
	ピーマン	共台	えき病、青枯れ病などの回避
	キュウリ	カボチャ	つる割れ病などの回避
	スイカ	ユウガオ、カボチャ、トウガン、共台	つる割れ病などの回避
	メロン	カボチャ、トウガン、共台	つる割れ病などの回避
経済的価値(品質、収量)の向上	トマト	共台	収穫数の増加、果実品質の向上
	ナス	アカナス、トルバムビガー、共台	収穫数の増加、収穫時期の拡大
	ピーマン	共台	収穫数の増加、果実品質の向上
	キュウリ	カボチャ	ブルームレス果実の生産、収穫時期の拡大
低温伸長性、草勢の向上	トマト	共台	草勢のコントロール
	ナス	アカナス、トルバムビガー、共台	草勢の強化、吸肥力の向上
	ピーマン	共台	草勢の強化、耐湿性の向上
	キュウリ	カボチャ	低温伸長性の向上、吸肥力の向上
	スイカ	ユウガオ、カボチャ	低温伸長性の向上、草勢の強化
	メロン	カボチャ	低温伸長性の向上、草勢の強化
	シロウリ	カボチャ	低温伸長性の向上、草勢の強化

注:共台とは、同じ作物の中で、耐病性などの優れた品種の台木

(『野菜園芸学の基礎』農文協、2014)

(3) ナスの一生

トマトと同様に、ナスは茎葉の成長（栄養成長）と花芽分化、開花、結実（生殖成長）が並行して生育する。育苗期間は約45〜80日、収穫は播種から約100〜120日で始める。分枝性に富むことから、側枝を更新することにより老化することなく次々に収穫でき、長期間栽培が可能。野菜の中では栽培期間が最も長い作物のひとつである。

ナスは高温多湿を好み、生育適温は30℃前後である。

ナスの光沢のある果皮の色は、ナスニンと呼ばれるアントシアニン系色素であり、ポリフェノールの一種である。高血圧や動脈硬化を予防する効果が期待できるといわれている。

1) ナスの栽培作業

ナス栽培は露地栽培と施設栽培がある。栽培作業は播種から始まり、鉢上げ、育苗、元肥の施用、耕起、定植、整枝、着果促進、かん水、追肥、更新せん定などがあり、そして、収穫、調製、出荷となる。

2) ナスの作型

ナスは各地域で多様な栽培が行われているが、最も基本的な作型は普通露地栽培であり、晩霜のおそれがなくなってから定植する。トンネル早熟栽培は、普通露地栽培よりも2週間から

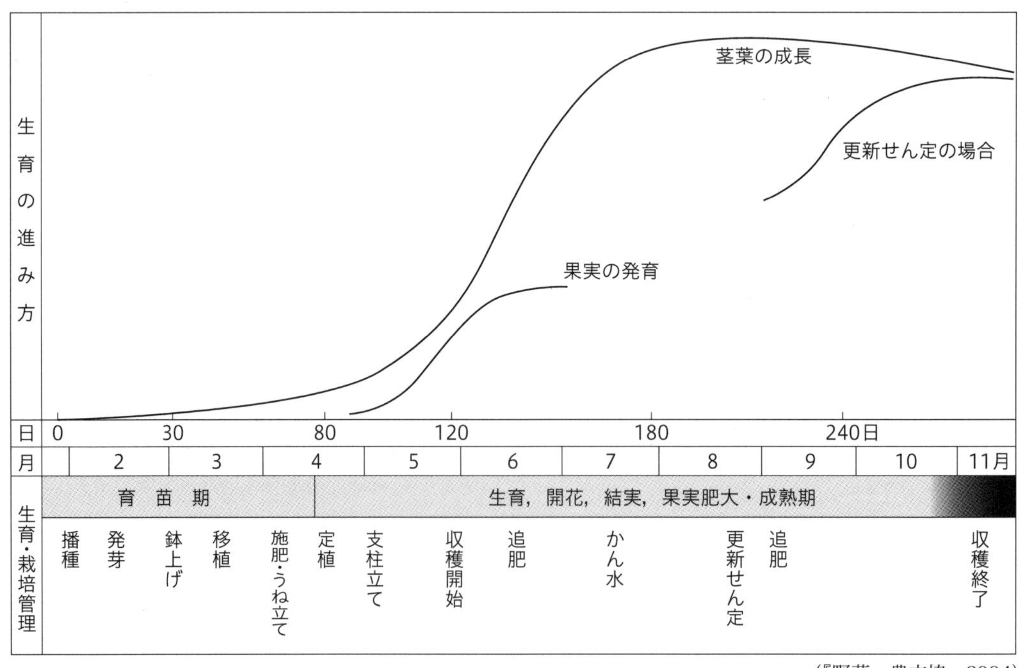

（『野菜』農文協、2004）

図4-25　ナスの生育経過（一生）と主な栽培管理（早熟栽培）

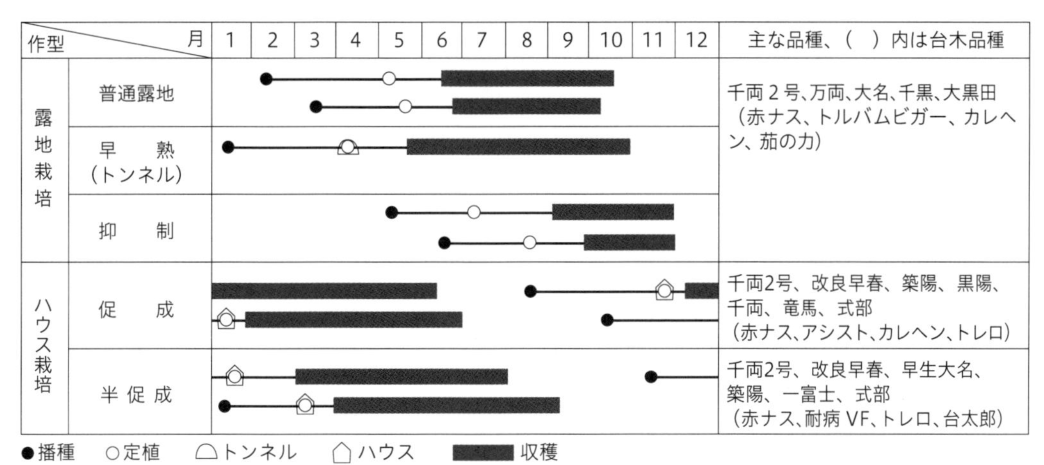

(『野菜』農文協、2004)

図4-26 ナスの主な作型と品種

4週間早く定植し、晩霜のおそれがなくなってからトンネルを除去する。抑制栽培は秋ナスの収穫も目標にする。施設栽培（ハウス栽培）の促成栽培は、夏から晩秋までに播種をして、冬の間は暖房をし、12月から6月まで収穫する。半促成栽培は3月から5月の出荷を狙う作型で、定植期は十分な保温を必要とする。

(4) ナスの栽培管理

高温と強い光、多肥を好み、乾燥に弱いといったナスの生育に応じた栽培管理が必要である。

1) 特性に合わせた栽培管理

【温度と光】……ナスは高温と強い光を好むため、温度が不足すると受精能力のない花粉（不稔花粉）が発生したり果実の肥大が悪くなったりする。生育適温は昼温25～27℃、夜温18～20℃である。また光が不足すると軟弱徒長して落花が多くなり、果実の品質も低下する。そこで、栽培前期では古い下葉や弱い側枝の整理にとどめ、中後期から1果当たり成葉で4～5枚残す程度に摘葉する。

【土と水分】……ナスは乾燥に弱く、多肥を好むので、有機質に富む耕土の深い土が適する。根は縦に伸び、主根を中心とした根群が形成される。排水不良の畑では根の先端が障害を受けやすい。したがって、かん水は気温や着果の肥大に合わせて水量を加減し、なるべく午前中に行う。また、一度に多量のかん水は避ける。

健全な生育と果実の発育には多くの水分を必要とし、高温乾燥期には特に水分の保持に努める必要がある。

2) ナスの主な管理作業

【仕立て方】……主枝の成長点は、葉を7～9枚分化すると花芽を分化し、第1花になる。第1

花がつくときの苗の大きさは、本葉2〜3枚（種まき後約30日）である。主枝の1番花の下から出た側枝2本を伸ばした3本仕立てまたは2本仕立てとする。それより下位から発生したえき芽は早めに整理し、また支柱を立てて誘引して、採光と風通しをよくする。

通常、側枝には1、2花着生させて1葉上を摘心する。収穫したら下部の1、2葉を残して切り戻しを行う。

【着果促進】……ナスの花は株の栄養状態によって長花柱花、中花柱花、短花柱花になる。両性花で自家受粉をする。果実の発育は開花5日後のころから急速に進み、約30日後には品種固有の果形になる。低温期の栽培では、着果・肥大の促進を図るために、ホルモン処理やマルハナバチを利用する。

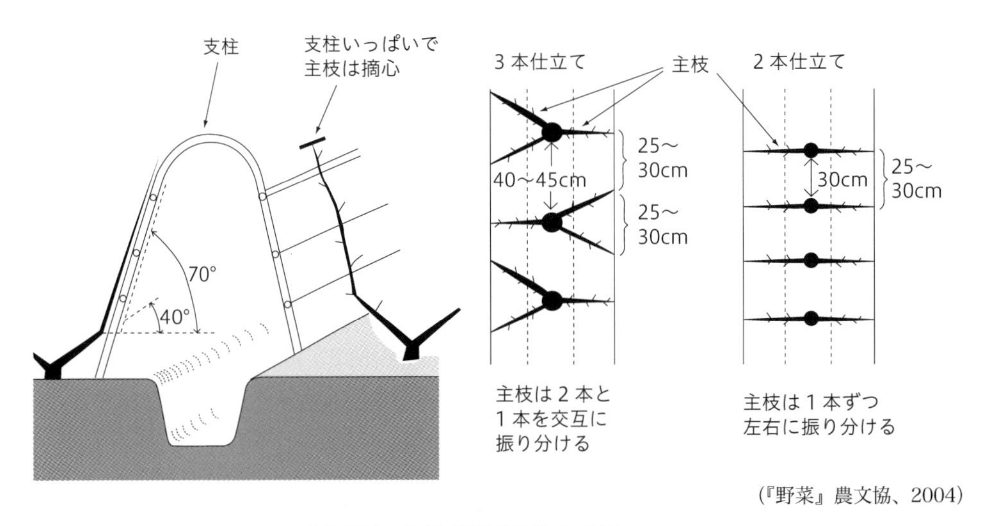

（『野菜』農文協、2004）

図4-27　主枝の配置の仕方の例

(5) ナスの病害虫と生理障害

ナスには石ナス、つやなし果、双子ナス、へん平果、舌出し果などの生理障害と褐紋病、黒枯れ病やハダニ類などの病害虫による被害があり、それぞれ症状に応じた対策が必要である。

1) ナスの障害果と対策

【石ナス】………果皮が硬くて光沢のない果実である。これは開花期前後の低温や極端な高温による受精障害で発生することから、温度管理に注意する。ホルモン処理によって防止することができる。

【つやなし果】…果皮につやがなく、硬い果実である。これは梅雨明け後の高温乾燥期に発生が多く、開花後15日以後の果実の水分不足で発生する。十分なかん水を行うことによって防止できる。

【双子ナス、へん平果、舌出し果】…低温、多肥、かん水などが重なって、花芽が栄養過剰になると発生する。生育に適した温度管理、施肥やかん水の量などを考えて管理することが必要である。

2）ナスの病害虫と防除

【褐紋病】………露地栽培で発生が多く、平均気温が24〜26℃になると発生し、28℃以上でまん延する。梅雨明けころから多発し、盛夏を過ぎたころに被害は激しくなる。病原菌（糸状菌）は被害残さとともにほ場に残り次作の伝染源となり、種子伝染もする。排水不良、密植、窒素過多は発病を助長する。対策としては高うねにして排水をよくし、密植を避けるとともに適正な肥培管理を行う。

【黒枯れ病】……施設栽培で発生しやすく、平均気温が20〜25℃で多湿のときに多発する。病原菌（糸状菌）は被害残さとともにほ場に残る。また、支柱などの資材などに付着して次作の伝染源になる。褐紋病と同じく種子伝染する。病斑上に形成されたかびの胞子が飛散して周囲にまん延する。

対策としては、ハウス内の換気をよくし、多湿にならないようにする。適切な肥培管理によって株が過繁茂にならないようにする。発病葉や茎を取り除く。早期に発見し、薬剤を散布する。夏季にハウスを密閉し、資材を含めて太陽熱消毒により次作の伝染源をなくす。

【青枯れ病】……葉が水分を失ってしおれ、株全体が枯死する。病原菌（細菌）はナス科作物と土壌中に数時間生存する。高温、肥料過多で発病が助長される。太陽熱消毒や土壌くん蒸剤の利用、発病株の除去を行う。

【ハダニ類】……苗による持ち込み、周辺雑草からの歩行、風による飛来、作業者の衣服への付着などによって侵入する。ほ場での発生は、はじめは局所的であるが、徐々に面的に広がる。施設栽培では栽培期間を通じて発生する。通常、発生の多い時期は、気温が高くなり始める3月以降である。露地栽培や雨よけ栽培では梅雨明け以降に発生が多くなる。発生は高温、乾燥条件で多くなる。

対策としては、天敵の利用もあるが、多発時には薬剤による防除が必要である。

【食害】…………タバコガやミナミキイロアザミウマによる食害が発生しやすい。

図4-28 アザミウマ

（参考6）野菜の訪花昆虫の利用と種類

受粉の促進を図り人工授粉の労力軽減のため、栽培の現場ではさまざまな訪花昆虫の利用が進められている。

訪花昆虫	品目
ミツバチ	イチゴ、メロン、スイカ
マルハナバチ	トマト、ナス

（『施設園芸における花粉交配をめぐる情勢』農林水産省、2022）

◆例題◆

ナスの接ぎ木の写真であるが、台木に切り込みを入れ、V字型に切った穂木を差し込んでいる。この接ぎ木方法の最も適切な呼び名を選びなさい。

① 挿し接ぎ
② 呼び接ぎ
③ 割り接ぎ
④ 芽接ぎ
⑤ ピン接ぎ

正解 ③

◆例題◆

写真のナスに発生する病害で、細菌が病原菌である病害として、最も適切なものを選びなさい。

① うどんこ病
② 青枯れ病
③ 半身いちょう病
④ 菌核病
⑤ 苗立枯れ病

正解 ②

◆例題◆

クロマルハナバチがトマトやナスの訪花昆虫として利用されている理由として、最も適切なものを選びなさい。

① セイヨウマルハナバチと比較して、受粉能力が高いことから利用される。
② 生物多様性に配慮して、日本在来種の昆虫を導入した。
③ 性質が温和であり、人間を刺すことはしない。
④ 受粉以外にも、ヨトウムシなどの害虫を捕食する。
⑤ セイヨウミツバチよりも寿命が長い。

正解 ②

5. イチゴ

(1) イチゴの種類と生産状況

1) イチゴの種類

イチゴは、かつては春から初夏が旬であったが、ハウスを活用した促成栽培の普及や品種改良により、現在はクリスマス需要に対応した栽培がなされている。また出荷量が少ない夏場には米国産イチゴが輸入されている。イチゴの品種は主産地での品種改良がなされ、品質や大きさなど日々バラエティに富む多くのイチゴが輩出されている。

((独) 農畜産業振興機構)

図4-29 イチゴの種類

表4-7 イチゴの主な品種

産地	品種
栃木県	とちおとめ、スカイベリー
福岡県	あまおう
熊本県	ゆうべに、さがほのか、恋みのり、ひのしずく
静岡県	紅ほっぺ、きらび香
長崎県	ゆめのか、さちのか

2）イチゴの主要産地

イチゴの令和3年の栽培面積は4,930ha、出荷量は15万2,300tである。主要産地は栃木県、福岡県、熊本県、愛知県、長崎県、静岡県、茨城県、佐賀県である。

表4-8 イチゴの主要産地（令和3年）

順位	産地	作付面積（ha）	10a当たり収量（kg）	収穫量（t）	出荷量（t）
1	栃木県	509	4,790	24,400	22,900
2	福岡県	428	3,880	16,600	15,800
3	熊本県	298	4,070	12,100	11,500
4	愛知県	254	4,320	11,000	10,400
5	長崎県	266	4,020	10,700	10,300
6	静岡県	292	3,580	10,500	9,820
7	茨城県	240	3,840	9,220	8,720
8	佐賀県	160	4,610	7,380	6,860
全国合計		4,930	3,340	164,800	152,300

（『野菜生産出荷統計』農林水産省、2022）

(2) イチゴ栽培の基礎

【植物分類・園芸分類】…バラ科、果菜類。

【生育環境】……涼しい気候が栽培に適しており、高温、乾燥に弱い。特に花芽が形成される時期の高温に弱い。日照は多い方がよいが、光飽和点は3万lx（ルクス）程度で果菜類の中では低く、光の弱い冬期の栽培にも適している。栽培に適した土壌は保水、排水性が高く腐植が多い土である。多湿を好むため、砂質土は栽培しにくい。

【品種】…………代表的な品種には、とちおとめ、さがほのか、あまおう、紅ほっぺなどがある。

【ランナーの発生】…ランナー（ほふく茎）の発生は開花・結実が終わる5月頃である。12時

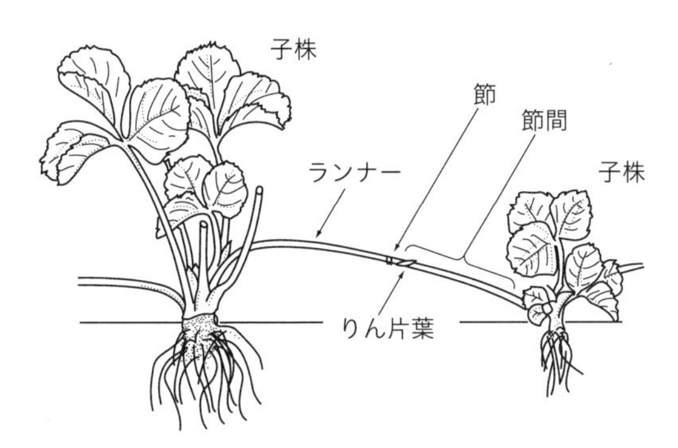

（『改訂新版 日本農業技術検定 3級テキスト』全国農業高等学校長協会、2020）

図4-30 ランナーの出方と子株のつき方

間以上の日長と17℃以上の高温条件で発生する。ランナーの先端に子株が付き、そこから第２次、第３次ランナーが次々と発生する。

【施設栽培】……イチゴは病害発生回避や省力化を図るため、高設栽培地を利用した採苗方式が主流である。

【花芽分化】……イチゴの花芽分化は10〜17℃の低温と12時間以下の短日で促進される。窒素肥料の抑制でも分化が早まる。

【休眠】…………花芽分化期よりさらに低温・短日になると休眠に入り、一定期間低温にあわないと休眠から覚めない。促成品種は休眠の浅い品種を用いる。

【果実の発育】…イチゴの果実は花床が肥大したもので、花床の上には多数の種子（そう果）ができる。そう果ができないと花床が肥大せず奇形果となる。

【促成栽培】……11〜５月頃までに収穫する作型で、ほとんど休眠しない品種を用いてハウスの保温、加湿によって栽培する。11月から収穫するには、夜冷育苗や低温暗黒処理をして花芽分化を促進する。近年はこの作型が全国的に主流となっている。半促成型は11月下旬に保温して露地栽培よりも１〜２カ月早い３〜６月に収穫する型である。

【育苗】…………苗はうどんこ病などの発生がなく、ハダニやアブラムシ類のいない苗を選び、ウイルスフリー苗も使われる。促成栽培用の育苗は花芽分化を早めるため、８月上〜中旬から夜冷庫を用い、夜冷短日処理（夜温10℃、日長８時間）を行う。

【保温】…………促成栽培では10月中〜下旬から保温をはじめる。電照とジベレリン処理を併用する品種もある。

【病害虫】………イチゴに発生する病気は、うどんこ病、灰色かび病、炭そ病などである。害虫ではアブラムシ類やハダニ類が発生する。また、い黄病、根腐れ病、いちょう病などの土壌伝染性病害は、連作を避け、太陽熱で土壌消毒を行うなどして予防する。

(3) イチゴの作型と育苗方法

作型にもよるが、促成栽培では収益性などから早期の出荷に重点が置かれるため、それに対応した育苗法が選ばれている。

1）イチゴの作型

【促成栽培】……11月から５月頃まで収穫する作型で、ほとんど休眠しない品種を用いて、ハウスの保温または加温によって栽培する。休眠を少しする品種では、ジベレリン処理や電照により、休眠に入らないようにして栽培する。11月から収穫するには、夜冷育苗や低温暗黒育苗などを行って花芽分化も促進する。

【半促成栽培】…ハウスやトンネルで栽培し、露地栽培よりも早く収穫する作型である。休眠の少ない品種を用いる場合は、11月下旬に保温して3月から6月頃まで収穫する。

【露地栽培】……自然条件で栽培し、5月から7月頃に収穫する作型である。寒冷地では6月から7月の遅出し栽培を行っている。

【抑制栽培】……花芽形成後の苗を11月から1月頃に掘り上げて、花芽の発育途中で0〜1℃の冷蔵庫で貯蔵することで発育を抑制する。収穫は9月から12月である。

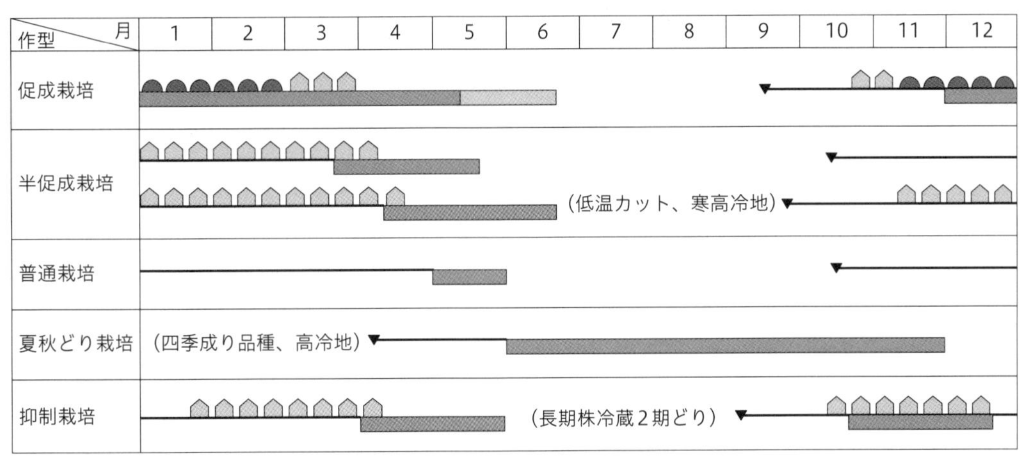

夏秋どり以外は一季成り品種が利用され、出荷量の95%以上が促成栽培で生産されている。促成栽培では、他品目との労力の競合や病害虫防除のため5月上旬で収穫を打ち切る産地が多い。

(『野菜園芸学の基礎』農文協、2014)

図4-31 イチゴの作型

2) イチゴの育苗法

【夜冷育苗】……育苗した苗をコンテナなどに移し、夜冷施設で10〜15℃、日長8時間の低温・短日条件で20日前後管理する。ほかの手段に比べて気象条件に影響されにくく、最も安定した花成促進処理法である。人工的に環境を制御できるので計画的な出荷が可能である。いつでも行えるので、理論的にはいつの時期でも出荷が可能だが、極端な早出しは高温の影響により果実の大きさや食味が極端に劣るため、7月中旬に処理を始め、10月下旬に収穫するのが、実用的な早出しの限界である。

【低温暗黒育苗】…低温貯蔵庫などを利用して低温処理を行う育苗法。暗黒条件下での処理となるため、夜冷育苗に比べてやや花成が不安定になりやすい。花芽分化には体内窒素、育苗期間や処理時期が影響し、特に処理時期の影響が大きい。安定的に花芽を分化させるためには処理開始時期を8月下旬以降とすることが必要であり、この育苗法では処理を行う時期が限定される。

【高冷地育苗】…夏季冷涼な地域性をいかした育苗法であるが、夜冷育苗に比べて花成誘導時期が限定される。花成誘導時期および収穫期は普通夜冷育苗とほぼ同様で、8月中旬から高冷地で育苗を行うと20日程度で花芽が分化する。収穫は11月下旬から12月上旬に始める。

【ポット育苗】…株の栄養状態（特に窒素）を制御することにより花成を誘導する手法で、日長、温度の影響を受ける。花芽分化時期は平年で9月中旬となり、平地育苗（地床）に比べて10日程度早く花芽が分化する。この場合の収穫開始時期は11月下旬から12月上旬となる。

【平地育苗（普通促成）】…地床で育苗することからポット育苗のような窒素コントロールが難しく、基本的には自然条件下で花芽が分化する。花芽分化時期は平年で9月下旬となり、ほかの育苗法に比べて最も花成誘導時期が遅く、早出しは困難である。収穫は、断根処理などを行った場合で12月中旬、無処理では12月下旬となる。

【高設採苗（高設栽培施設を利用)】…イチゴの高設栽培容器を活用した点滴型かん水チューブによるかん水と、底面給水により省力的で効率的な採苗を行う。

(4) イチゴ栽培の温度管理と病害虫防除

イチゴは施設栽培が多く露地栽培にはない長所もあるが、閉鎖環境での栽培となるため、温度管理や病害虫防除管理が重要である。

1) イチゴの温度管理と花芽分化

イチゴの温度管理は作型によって異なる。例えば、休眠をあまり考慮しなくてもよい促成栽培では、開花前後とも25℃以上の高温にならないように管理すればよい。しかし、半促成栽培のように休眠打破（暖地型）や休眠延長（寒冷地型）が必要な場合は、生育の初期に比較的低温にあてて、その後30～35℃の高温で蒸し込みを行って開花を促す。早熟栽培や露地栽培では休眠が打破された状態にあるので、休眠に関しての温度操作は必要ないが、栽培管理が粗放にならないように注意する。

保温（ビニール被覆）は、一般には休眠から覚める1月以降に行うが、半促成栽培の電照や株冷蔵栽培では11月から保温する。また、保温開始後には、つぼみや茎葉を傷めないように注意してマルチを行う。

イチゴは10～17℃の低温と12時間以内の短日により花芽分花が行われ、窒素肥料の制限によっても花芽分花が促進される。

2) イチゴの病害虫防除

イチゴに発生する病害虫は数多くあるが、主なものは以下の通りである。

【炭そ病】………高温の時期に発生しやすいことから、6月下旬から9月下旬に発病する。葉柄とランナーに黒色のだ円形の病斑が出る。また、クラウン（茎と根の境界部。

イチゴの成長点となる部位）が侵されると枯れる。前年の発病床は用いない。発生しやすいので、特に予防防除に努める。

【うどんこ病】…ハウス栽培に発生が多い。地上部すべてに発生し、発病が激しくなると表面全体が白粉状物で覆われ、葉が巻いて立ってくる。親株からランナーに伝染する。発病果は商品価値が無くなる。育苗期から薬剤による予防防除に努める。

【じゃのめ病】…高温多湿で発生が多い。葉に発生し、葉柄、果梗（かこう）、ランナーに発生する。葉では初め紫紅色の不鮮明な小斑点を生じ、少しずつ大きくなり、最終的には3～6mmの円形ないしだ円形の病斑になる。肥料切れや根傷みによって株が消耗すると発生しやすくなる。

【い黄病】………高温条件で発生が多い土壌伝染性の病害である。小葉の1～2枚が黄化し、極端に小さくなる症状を示す。無病親株を無病ほ場で育苗し、本畑の土壌消毒を徹底する。

【灰色かび病】…果実では収穫期近くのものが特に発病しやすい。初めは水浸状で淡褐色の小斑点が出る。次第に大きくなり果実を軟化腐敗させ、全面に灰色粉状のかびが現れる。多発すると農薬の効果が現れにくいので、発生時期を想定して予防的に薬剤防除を行う。

【ハダニ類】……葉裏に寄生する。密度が高くなると葉表にも寄生し、寄生数が多くなるとハダニのはく糸によって葉の表面はクモの巣状になる。薬剤が葉裏にかかるように丁寧に散布する。薬剤抵抗性が発達しやすいので、系統の異なる薬剤をローテーションして散布する。

【ハスモンヨトウ】…定植期から加温開始期までの間にハウスに侵入し産卵する。8月から10月頃の被害が大きい。各種薬剤に対する感受性は低く、防除が難しい害虫である。中・老齢幼虫になるにしたがって薬剤の効果が低くなるので、若齢幼虫のうちに防除する。

◆例題◆

イチゴの育苗において、写真に示す高設栽培地を利用した採苗方法が行われる目的として、最も適切なものを選びなさい。

① 果実の肥大を良くする。
② 着果数を増加させる。
③ 果実の糖度を向上させる。
④ 病害の発生を軽減させる。
⑤ 収穫時期を早める。

正解 ④

◆例題◆

イチゴ栽培の説明として、最も適切なものを選びなさい。

① 25℃以下になると日長に関わらず花芽分化する。
② 10℃以下で休眠する。
③ 30℃以上の高温条件では花芽分化しない。
④ ランナーは短日・低温条件で発生する。
⑤ 乾燥に強く砂質土が適する。

正解 ③

◆例題◆

イチゴの育苗において夜冷短日処理をする目的として、最も適切なものを選びなさい。

① 果実を肥大させる。
② 果数を増加させる。
③ 糖度を上昇させる。
④ 病害の発生を軽減させる。
⑤ 収穫開始を早める。

正解 ⑤

◆例題◆

次のイチゴの病気として、最も適切なものを選びなさい。

「土壌伝染病の病害で、高温条件で発生が多い。小葉の１～２枚が黄化し、極端に小さくなる。」

① 炭そ病
② うどんこ病
③ 灰色かび病
④ い黄病
⑤ 根腐れ病

正解 ④

6. 葉物野菜

(1) 葉物野菜の一生

葉物野菜にはハクサイ、キャベツ、レタス、ホウレンソウ、シュンギクなど、多くの種類がある。播種（種まき）から収穫までの日数も、野菜の種類や品種、作型によって違う。一般的に、ハクサイでは約60～120日、キャベツでは約110～140日、レタスでは約60～70日である。

播種の方法は、直接ほ場にまく方法とセルトレイにまく方法がある。ほかにシードテープを使用する方法もある。播種後（移植後）の作業としては、間引き、追肥、かん水、農薬散布、収穫、調製、出荷がある。高温時の収穫では予冷を行って品質保持に努める。

(2) 葉物野菜の生育と環境

ハクサイは冷涼な気候を好む。球の肥大・充実期の生育適温は、外葉発育期より低めである。ハクサイの根は細いが広く分布するので、耕土が深く、排水性、通気性、保水性に優れた土が望ましい。

キャベツも比較的冷涼な気候を好む。耐暑性、耐寒性はともに生育初期は強いが、結球が始まると弱くなる。28℃を超えると生育が衰え、病害の発生も多い。土壌に対する適応性は広いが、耕土が深く、排水のよい土壌での生育がよい。土壌酸度は微酸性から中性がよく、pH5.0以下では根こぶ病の発生が多くなるので注意が必要である。

レタスも冷涼な気候を好む。25℃以上になると発芽不良や立枯れ性病害が発生しやすい。種子は好光性である。根は浅根性で、細かい根が表層に多く分布する。したがって乾燥には非常に弱く、土壌水分が不足すると葉の生育が悪くなり、結球が抑えられる。また酸性に弱く、土壌pHが5.5以下では生育が悪くなる。

(3) 葉物野菜の作型と品種

作型や栽培地に応じて品種の耐暑性、耐寒性、耐病性などを考慮する。現在はF_1品種が多い。

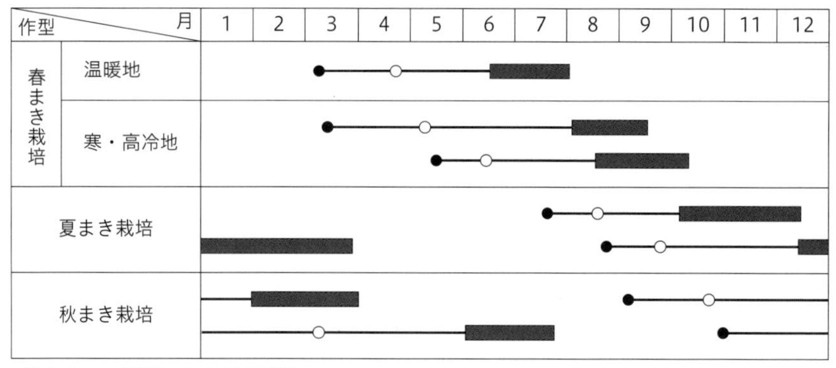

（『野菜』農文協、2004）

図4-32　キャベツの主な作型

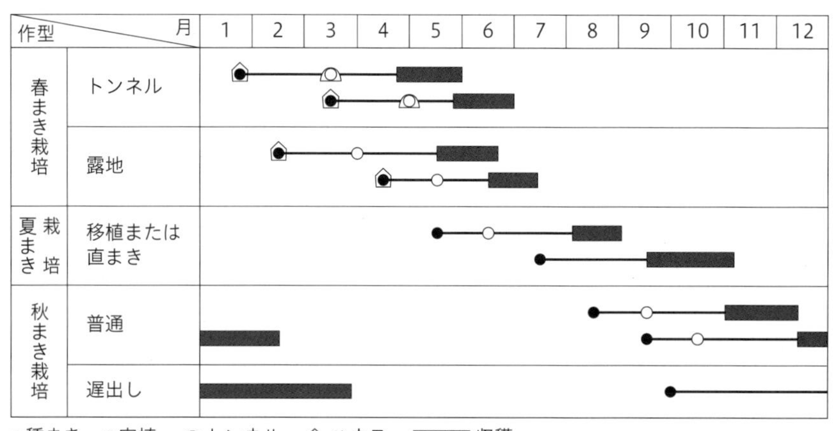

（『野菜』農文協、2004）

図4-33　結球ハクサイの主な作型

(参考7) 主要野菜の花芽分化とその発生要因

花芽分化には温度要因、日長要因が影響するが、温度要因のうち、吸水した種子がいつでも低温にあうと春化（バーナリゼーション）する種子春化型と、植物体が一定の大きさに達した後、低温にあうと花芽分化する緑植物春化型がある。

野菜類の主な花芽分化要因

<table>
<tr><th colspan="3">要因</th><th>野菜名</th></tr>
<tr><td rowspan="2">日長</td><td colspan="2">長日</td><td>ホウレンソウ、タカナ、シュンギク、ラッキョウ、ニラ</td></tr>
<tr><td colspan="2">短日</td><td>シソ、食用ギク、サトイモ、サツマイモ</td></tr>
<tr><td rowspan="3">温度</td><td rowspan="2">低温</td><td>種子春化型</td><td>ダイコン、ハクサイ、カブ、コマツナなどのツケナ類、エンドウ、ソラマメ</td></tr>
<tr><td>緑植物春化型</td><td>キャベツ、カリフラワー、ブロッコリー、セルリー、ネギ、タマネギ、ニンニク、ニンジン、パセリ、ゴボウ、イチゴ</td></tr>
<tr><td colspan="2">高温</td><td>レタス</td></tr>
<tr><td colspan="3">栄養</td><td>トマト、ナス、ピーマン、キュウリ、インゲンマメ</td></tr>
</table>

（『野菜園芸学の基礎』農文協、2014）

◆例題◆

野菜類の花芽分化の要因として、最も適切なものを選びなさい。

	野菜名	要因
①	レタス	高温
②	キャベツ	吸水した種子が低温
③	ホウレンソウ	短日
④	サトイモ	長日
⑤	ハクサイ	一定以上の苗が低温

正解 ①

7. レタス

(1) レタスの種類と生産状況

1) レタスの種類

レタスの主な種類は結球レタス、結球しない葉レタス、半結球の立ちレタス、茎レタスの4種類に分かれる。また、食感からパリパリしたタイプのクリスプ・ヘッド型と柔らかいバター・ヘッド型がある。

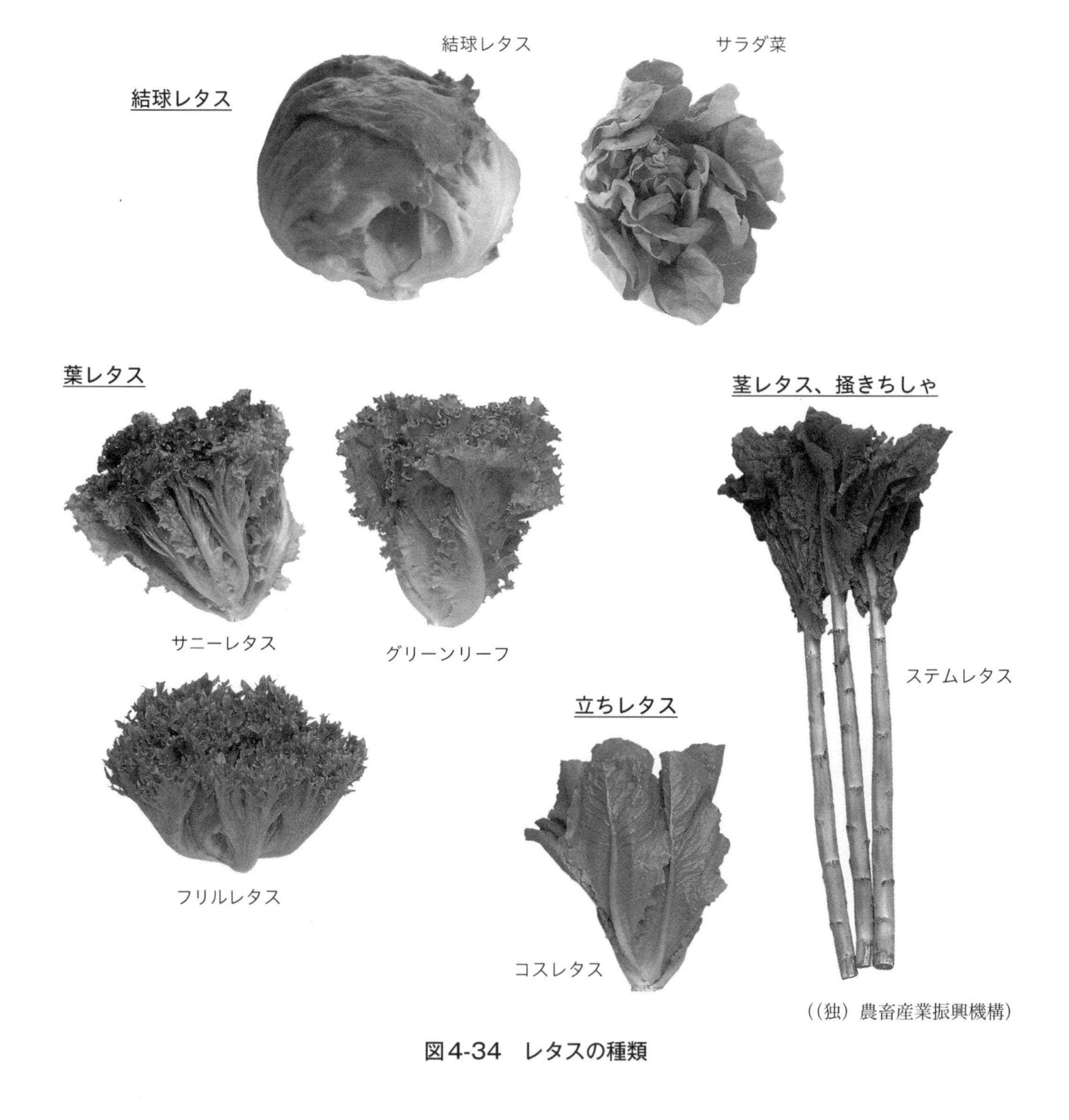

図4-34 レタスの種類

2）レタスの主要産地

表4-9 レタスの主要産地（令和3年）

順位	産地	作付面積（ha）	10a当たり収量（kg）	収穫量（t）	出荷量（t）
1	長野県	5,440	3,290	178,800	173,900
2	茨城県	3,420	2,540	87,000	83,700
3	群馬県	1,350	4,040	54,500	51,600
4	長崎県	940	3,720	35,000	31,700
5	兵庫県	1,180	2,190	25,900	24,700
6	静岡県	896	2,790	25,000	24,000
全国合計		20,000	2,730	546,800	516,400

（『野菜生産出荷統計』農林水産省、2022）

(2) レタス栽培の基礎

レタスの原産地は地中海地方。奈良時代に中国を経て日本に導入された。元々は不結球タイプであったが、アメリカ・フランスから結球タイプの品種が導入され広まった。

【植物分類・園芸特性】…キク科、葉菜類。

【生育の特性】…玉レタスの生育期間は約75日で春から夏、冬まで周年で出荷されている。発芽適温は15～20℃。高温では発芽しにくい。コーティング種子を利用する結球期に高温になると異常が生じる。レタスの種子は明発芽種子で光飽和点は約4万lx（ルクス）、土壌のpHは6.0～7.0が最適である。

【土と水分】……土のpHは6.0～7.0くらいが最適で5.0以下になると生育が悪くなる。かん水は結球期以降は控えめにする。

【明発芽種子】…代表的な好光性種子作物である。高温により花芽分化・抽苔（ちゅうだい）が誘導されるほか、高温障害も発生しやすいので注意しなければならない。全国を対象とした作型により、周年栽培がなされている。

【花芽分化・抽苔】…レタスは一定の大きさになってから25℃以上の温度に長く置かれると花芽分化を起こす。高温が継続すると抽苔リスクが高まる。レタスは冷涼な気候を好み、特にリーフレタスはその傾向が強いので暖地や平たん地では栽培が難しい。

(3) レタスの作型と栽培管理

【作型・種類】…栽培環境の影響を受けやすく、春まき、夏まき、秋まき、春どりの作型があり、12～2月は香川県・兵庫県、3～5月は茨城県・群馬県、5～6月は長野県・岩手県、秋～冬は関東地方などの産地に移動する。種類は結球レタス、サラダナ、リーフレタス（グリーンレタス、サニーレタス）タイプがある。

【種まき育苗】…種まきは種子を粘土などで粒状にしたコーティング種子を利用する。覆土は種子が隠れる程度に浅くする。

【異常結球・生理障害】…結球期に高温になると、タケノコ球（タケノコ型）、タコ足球（小玉）になる。また、カルシウム不足でチップバーン（縁腐れ病）が発生しやすい。

【病害虫】………低温多湿で灰色かび病（地際の茎や下葉基部に灰色かびが密生する。病因は糸状菌）、高温多湿で軟腐病（外葉の付け根に水浸状の病斑ができ、やがて黒く腐り空洞化し悪臭がある。病因は細菌）が発生しやすい。害虫にはヨトウムシ、アオムシ、オオタバコガ、センチュウなどがある。

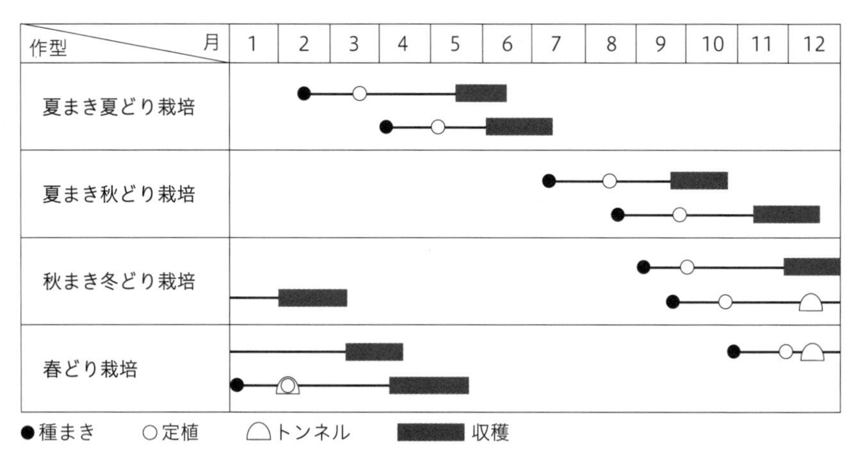

（『改訂新版 日本農業技術検定 3級テキスト』全国農業高等学校長協会、2020）

図4-35　玉レタスの主な作型

◆例題◆

写真のチップバーン症状を呈しているレタスの発生原因はどれか、最も適切なものを選びなさい。

①　カリの欠乏
②　マグネシウムの欠乏
③　石灰の欠乏
④　窒素の欠乏
⑤　リン酸の欠乏

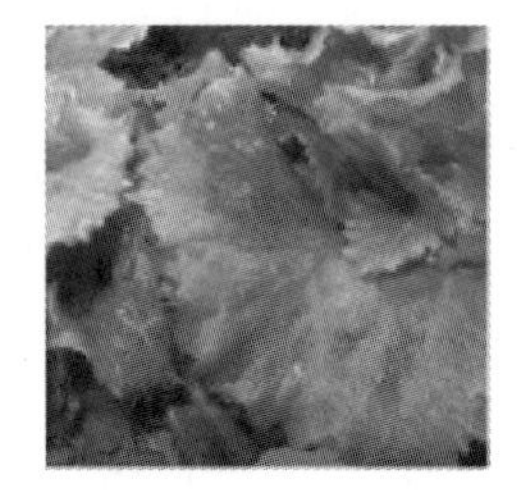

正解　③

◆例題◆

写真のレタスに発生した病名とその原因の組み合わせとして、最も適切なものを選びなさい。

① 軟腐病 — 細菌
② うどんこ病 — 糸状菌
③ べと病 — 糸状菌
④ ビッグベイン病 — ウイルス
⑤ モザイク病 — ウイルス

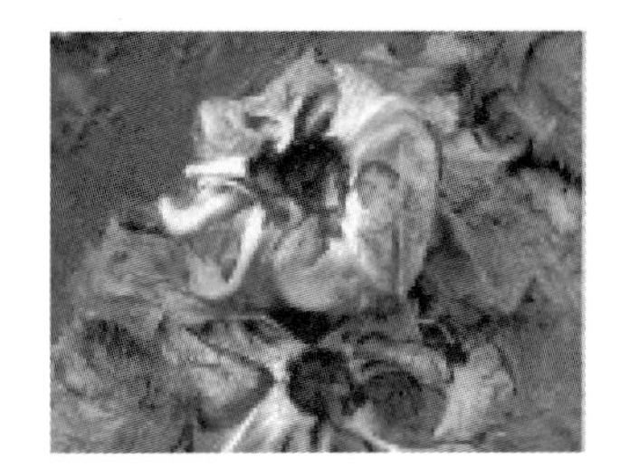

正解 ①

8. キャベツ

(1) キャベツの種類と生産状況

1) キャベツの種類

キャベツは出荷時期により、春キャベツ、夏秋キャベツ、冬キャベツに分かれる。市場では巻きの硬い「寒玉」系の流通が大半を占めており、関西ではお好み焼き用に現在でも根強い人気がある。サラダ菜にして食べることの多い関東では生のままでも柔らかい「春玉」系の品種が好まれ、近年は生産量が増加している。

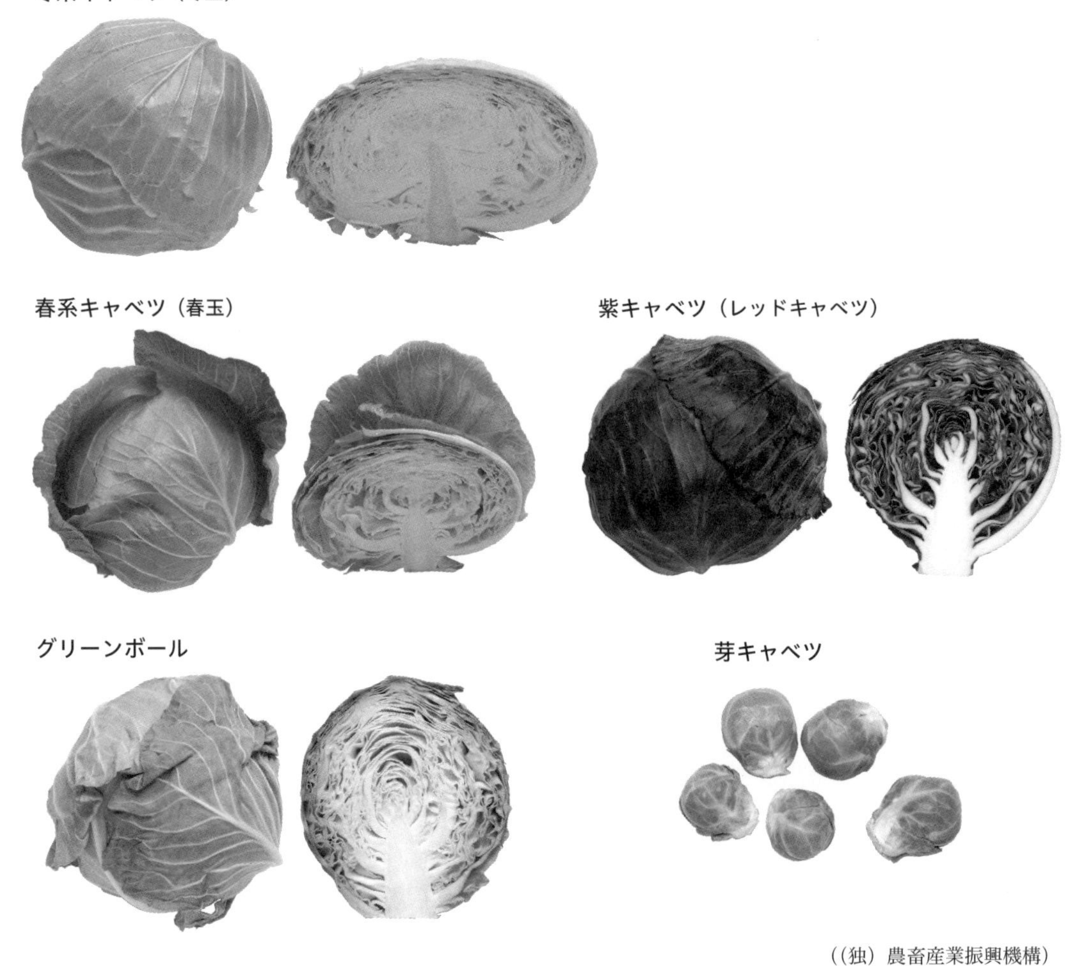

（(独) 農畜産業振興機構）

図4-36　キャベツの種類

2）キャベツの主要産地

表4-10 キャベツの主要産地（令和３年）

順位	産地	作付面積（ha）	10a当たり収量（kg）	収穫量（t）	出荷量（t）
1	愛知県	5,440	4,910	267,200	252,200
2	群馬県	4,340	6,730	292,000	251,700
3	千葉県	2,730	4,390	119,900	112,300
4	茨城県	2,370	4,620	109,400	103,500
5	長野県	1,560	4,650	72,500	67,400
6	神奈川県	1,460	4,620	67,400	64,400
7	鹿児島	1,860	3,690	68,600	62,300
全国合計		34,300	4,330	1,485,000	1,330,000

（『野菜生産出荷統計』農林水産省、2022）

(2) キャベツ栽培の基礎

キャベツの原産地はヨーロッパで、日本には明治時代に結球性キャベツが導入された（トンカツに添えた利用が最初とされている）。野菜類の中では最も作付面積の多い作物であり、代表的周年作物で加工・業務用需要の割合も約５割と高い野菜である。

露地栽培されることが多いが、全国的な周年生産を維持するために多様な品種、栽培地の移動がなされている。

花芽分化すると商品にならないので、気候条件や立地条件に合った栽培が必要である。

【植物分類・園芸分類】…アブラナ科、葉菜類。

【生育の特性】…キャベツは冷涼な気候を好み生育適温は15～20℃。種子の発芽適温も同様である。低温には耐えるが暑さには弱く、25℃以上になると生育が悪くなる。葉菜類の中では比較的強い光を好み、光飽和点は4万lx（ルクス）程度である。土壌はpH5.5～6.8で生育がよく、5.5以下になると根こぶ病が発生しやすくなる。

(3) キャベツの作型

【結球】…………キャベツ、ハクサイ、レタスなど葉球を作る作物は、発芽後間もない期間では葉形比（葉長/葉幅）は大きいが、発芽後70～80日で葉球が開始する。結球は土壌が乾燥すると収穫が遅れて小玉となり、過湿になると裂球の原因になる。結球の肥大は昼温20～25℃、夜温10～15℃で促進する。結球のタイプには結球を作る葉が成長してから外側から巻きはじめる「充実型」（晩生品種）と、葉の中心部に結球を作り、その後肥大する「肥大型」（早生品種）がある。

【花芽分化・抽苔】…キャベツは生育した苗が約15℃以下（特に5～7℃）になると花芽が分化する緑植物春化型作物である。花芽は高温長日により開花する。充実した葉球を作るには、花芽分化する前に60～80枚の葉数を確保する必要がある。

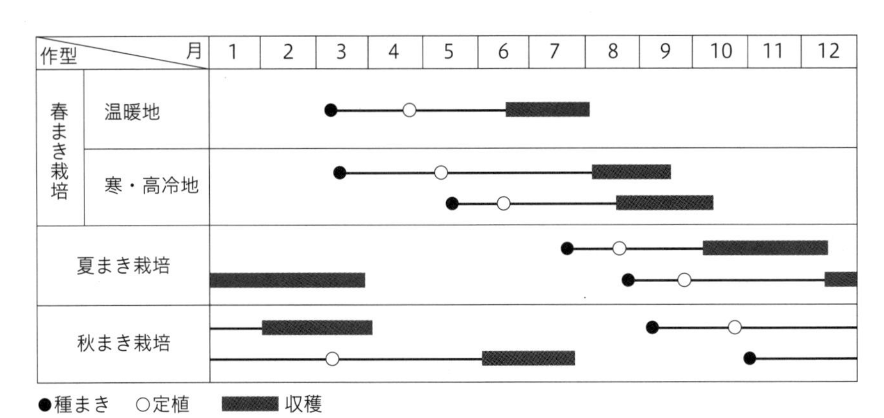

（『改訂新版 日本農業技術検定３級テキスト』全国農業高等学校長協会、2020）

図4-37　キャベツの主な作型

(4) キャベツの病害虫と生理障害

【根こぶ病】……地温が20℃以上、多湿・酸性土壌で発生しやすい。適切なpH調整、排水改善、連作を避け、抵抗性品種の導入などの対策を行う。

【べと病・黒腐病】…高温多湿でべと病、降雨量の多いときには黒腐病が発生する。

【不良玉】………チャボ球（小玉）、結球葉が割れる裂球、分球（複数玉）などがある。

【病害虫】………アオムシ、コナガ、ヨトウムシ、アブラムシ、青虫がある。フェロモン剤利用による防除もなされている。

◆例題◆

キャベツの生育についての記述のうち、最も適切なものを選びなさい。

① キャベツは、発芽後しばらくして長い葉柄を持つ葉形比の小さな葉が出る。
② 葉数が５～10枚になると葉が立ち上がり、結球体制を取り始める。
③ 結球の適温は16～20℃で、気温がある程度高いと結球開始は促進される。
④ 裂球とは内部の結球葉が割れるもので、収穫適期が早い時に発生しやすい。
⑤ 花芽分化は高温により誘導され、低温・短日で抽苔する。

正解　③

◆例題◆

キャベツ栽培についての記述として、最も適切なものを選びなさい。

① キャベツの結球は気温が低くなると促進され、高くなると抑制される。
② 結球には充実型と肥大型があり、充実型は晩生品種、肥大型は早生品種が多い。
③ キャベツは種子が吸水した後に低温にあうと花芽の形成が促進される種子春化型野菜である。
④ 秋まき栽培では高温結球性が、春まき栽培では低温結球性が求められる。
⑤ 加工・業務用キャベツは寒玉系が求められるが、抽苔と不結球のリスクの高い夏が品薄になりやすい。

正解　②

◆例題◆

キャベツ根こぶ病の予防の説明として、最も適切なものを選びなさい。

① 台風直後に発生するので、殺菌剤を散布する。
② 抵抗性品種はないので、土壌のpHをアルカリ性にし、排水を良くして連作を避ける。
③ 土壌のpHをアルカリ性に保ち、土壌水分を高めに維持し、抵抗性品種を用いる。
④ 土壌のpHをアルカリ性に保ち、排水を良くして連作を避け、抵抗性品種を用いる。
⑤ 土壌のpHを酸性に保ち、排水を良くして連作を避け、抵抗性品種を用いる。

正解　④

9. ハクサイ

(1) ハクサイの種類と生産状況

1) ハクサイの種類

ハクサイは結球タイプ、半結球タイプ、非結球タイプがあるが、現在流通しているハクサイはほとんどが結球タイプである。結球タイプは、頭部の葉が重なる円筒形（包被皮型）と重ならない砲弾型（包合型）がある。ハクサイの内側は黄色の品種が主流である。

結球ハクサイ

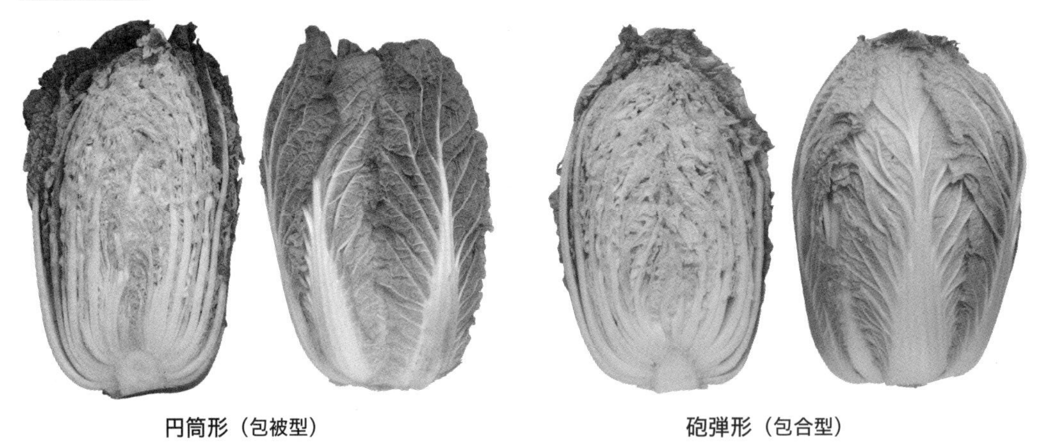

〈ミニと一般のハクサイの比較〉

（(独）農畜産業振興機構）

図4-38　ハクサイの種類

2) ハクサイの主要産地

ハクサイの令和3年の作付面積は1万6,500ha、出荷量は74万4,800tである。主要産地は茨城県、長野県、群馬県、北海道、大分県、鹿児島県である。

表4-11 ハクサイの主要産地(令和3年)

順位	産地	作付面積(ha)	10a当たり収量(kg)	収穫量(t)	出荷量(t)
1	茨城県	3,380	7,410	250,300	232,200
2	長野県	2,850	8,000	228,000	202,500
3	群馬県	464	6,360	29,500	22,700
4	北海道	617	3,740	23,100	21,500
5	大分県	410	5,730	23,500	20,700
6	鹿児島県	401	5,960	23,900	20,600
全国合計		16,500	5,450	899,900	744,800

(『野菜生産出荷統計』農林水産省、2022)

(2) ハクサイ栽培の基礎

ハクサイは、冷涼な気候を好む秋まき野菜の代表的なものであり、特に貯蔵性に優れている。栽培は、秋まき栽培のほかに、冷涼地での春まき栽培などもあり、地域の気候を生かした栽培が行われ、ほぼ年間を通して流通している。葉菜類として、広く生食用や加工用として利用されている。生育が早く、栽培は比較的容易であるが、病気や生理障害などがみられる。

【植物分類・園芸分類】…アブラナ科、葉菜類。

【生育の特性】…生育適温は15〜20℃で、冷涼な気候を好む。根は深根性なので、耕土が深く、排水性、通気性、保水性の良い土が適している。

【種類】…………完全に結球する結球型、結球が不完全な半結球型、結球しない不結球型とがある。外葉が20枚程になると、内部の葉が立ち上がって結球が始まる。結球葉は横幅があり、互いに葉を包み合って結球する。

頂部が重なり合う包皮型、結球葉の先端が外側に反り返る包合型がある。また、葉重型は、葉の枚数が少ないが大きな葉で重いものをいう。葉数型は葉の枚数が多い。

【品種】…………早生種、中生種、晩生種がある。早生や中生など生育の早いものは65日前後で収穫でき、晩生種では85日前後で収穫できる。耐病性、収穫などを考慮して、品種選択を行う。

【種まき】………直まき栽培と移植栽培とがある。最近は、セル成型苗の育苗も多い。秋まき栽培では、8月中下旬〜9月上旬に種をまく。種をまいたら均一に覆土する。種まき後、2〜3日間で発芽し、4日前後でハートの形をした子葉が開く。

【間引き】………苗が軟弱になったり、徒長したりするのを防ぐために間引きを行う。本葉2〜3枚の時期に2株に、本葉3〜4枚の時期に1株にする。生育の遅れた株、病害虫に侵された株を間引く。

【花芽分化】……種子が吸水して一定期間低温で花芽が分化する種子春化型である。平均気温12℃なら約1〜2週間かかる。

【結球】…………発芽後30〜45日で結球が始まる。外葉から結球葉に変化する。頂点部の結合具合により包被型と抱合型がある。

【耕うん】………石灰質肥料、元肥（有機質肥料、化学肥料）を入れ、耕うん、整地、うね立てを行う。

【中耕】…………外葉が株と株の間を覆う前に、畑の表面を軽く耕す。中耕をすることによって、土中の空気や水の通りがよくなり、根が発達する。また、株間の雑草の発生を防ぐことができる。中耕をする時には、外葉や根を傷めないようにする。

【追肥】…………追肥は収穫までに数回行うが、速効性の窒素やカリウムを与えるとよい。1回目は本葉が6〜7枚の時期、2回目は結球開始の時期に行う。追肥と中耕を兼ねて行うこともある。

【収穫】…………収穫は、種まき後の生育日数と葉球の締まり具合から判断する。結球の頭部を手で押さえてみて、固く締まっているものから順次行う。遅くまで収穫せずに畑に置く場合には、寒害や腐敗を防止するために、外葉をわらなどでしばる。

(3) ハクサイの作型

高冷地での春まき夏どり栽培、平地西南での夏まき秋どり栽培、西南暖地での秋まき春どり栽培の作型がある。

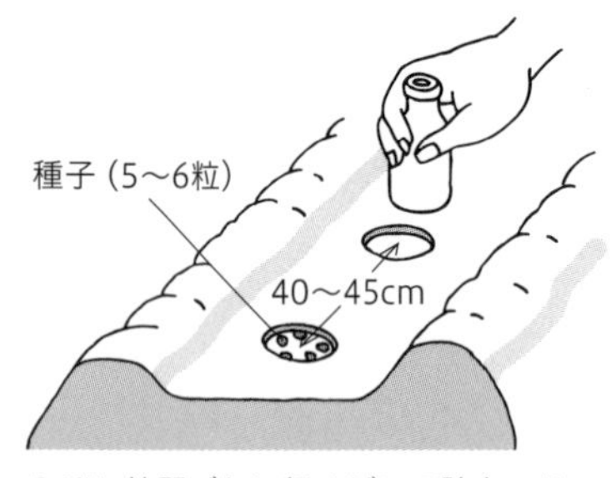

（『日本農業技術検定 2級テキスト』全国農業高等学校長協会、2014）

図4-39　点まきの方法（直まきの場合）

（『日本農業技術検定 2級テキスト』全国農業高等学校長協会、2014）

図4-40　間引きによる株間のとり方

(『日本農業技術検定 2級テキスト』全国農業高等学校長協会、2020)

図4-41 結球ハクサイの収穫の仕方と畑での保存方法

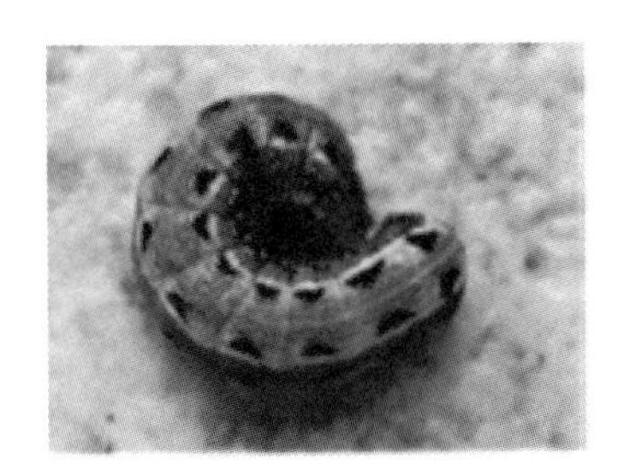

図4-42 ヨトウガの幼虫

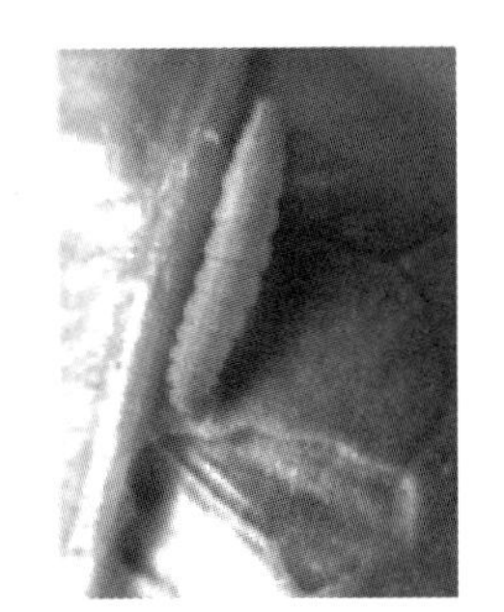

図4-43 コナガの幼虫

(4) ハクサイの病害虫・生理障害と利用

【病害虫】………軟腐病、ウイルス病がある。発生の多い害虫は、アブラムシ類、コナガ、ヨトウムシ類などである。

【軟腐病】………地ぎわ部に水浸状の病斑ができ、やがて全体が軟化・腐敗して、悪臭を発生する。

【ウイルス病】…葉がモザイク状になる。また、株が萎縮したり、わい化したりする。ウイルス病の発生を防ぐためには、抵抗性品種の利用、ウイルス病を媒介するアブラムシの防除が効果的である。

【アブラムシ類】…葉を吸汁する被害のほかに、ウイルス病を媒介する。

【コナガ】………葉の裏から円形または不規則な形に小さく葉肉だけを食害するので、表皮のみが残る。大発生すると、幼苗の場合、葉の葉へい葉脈のみを残して食害するので、枯死する。

【モンシロチョウ（アオムシ)】…アブラナ科の野菜に発生が多い。幼虫は緑色をしており、幼虫が葉を食害し、穴を開ける。また、葉すべてが食害され、葉脈だけが残る場合もある。

【ヨトウムシ類】…雑食性の害虫で、特にアブラナ科の野菜が大きな被害を受ける。ふ化幼虫は群生して、葉裏の葉肉を食害する。「夜盗虫」の名の通り、日中は浅い土中に隠れたりして、夜になると葉を食べるようになる。

【生理障害】……ゴマ症ではハクサイの葉の葉脈に黒いゴマ症状がみられる。

【加工と利用】…生食用として、鍋物や炒め物に利用する。加工用としては浅漬けやキムチなどの原料とする。

◆例題◆

ハクサイの花芽分化・開花の説明として、最も適切なものを選びなさい。

① 苗が一定の大きさに達すると花芽分化し、積算温度が満たされて開花する。
② 吸水した種子のときから低温にあうと花芽分化し、高温・長日で開花する。
③ 一定の大きさ以上の苗が低温にあうと花芽分化し、高温・長日で開花する。
④ 高温によって花芽分化し、高温・長日で開花する。
⑤ 低温・短日で花芽分化し、低温・短日で開花する。

正解 ③

10. ホウレンソウ

(1) ホウレンソウの種類と生産状況

1) ホウレンソウの種類

ホウレンソウには東洋種と西洋種、その交雑種がある。東洋種は寒さに強く葉に切れ込みがある。主に秋冬栽培の生産に向いている。西洋種は抽苔しにくいので春から夏にかけて生産され、葉は切れ込みがなく丸身を帯びている。現在、市場に多く出回っているのは交雑種（一代雑種）である。

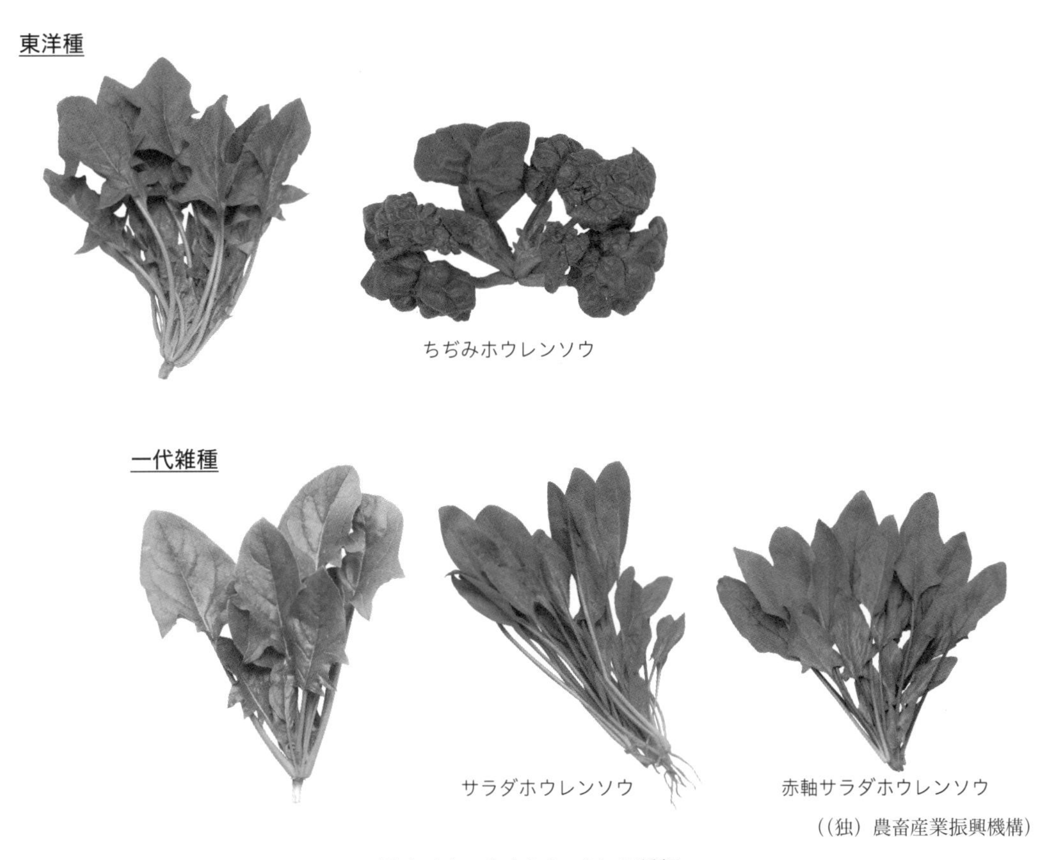

図4-44 ホウレンソウの種類

2）ホウレンソウの主要産地

ホウレンソウの令和３年の作付面積は1万9,300ha、出荷量は17万9,700tである。主要産地は、群馬県、埼玉県、千葉県、茨城県、宮崎県である。

表4-12　ホウレンソウの主要産地（令和３年）

順位	産地	作付面積（ha）	10a当たり収量（kg）	収穫量（t）	出荷量（t）
1	群馬県	1,990	1,080	21,500	19,500
2	埼玉県	1,820	1,250	22,800	19,000
3	千葉県	1,710	1,080	18,500	17,000
4	茨城県	1,350	1,320	17,800	16,000
5	宮崎県	865	1,520	13,100	11,800
全国合計		19,300	1,090	210,500	179,700

（『野菜生産出荷統計』農林水産省、2022）

（2）ホウレンソウ栽培の基礎

中央アジアが原産の野菜。代表的な長日作物で、栽培期間が短く、寒さに強い作物である。周年栽培がなされており、作型の選択が必要である。カロテン（4,200mg/100g）や鉄分（2.0mg/100g）が多いが、特に秋まき栽培は春・夏まき栽培に比べて栄養価が高い。

花芽分化や抽苔（ちゅうだい）すると商品にならないので、作型や品種選定が重要である。酸性土壌や高温では生育が悪い。

【植物分類・園芸分類】…これまではアカザ科であったが、最近はヒユ科に分類されている。葉菜類。

【生育の特性】…播種後40日程度（発芽後30日程度）で収穫期を迎える。雌雄異株で栽培適正pHは6.3〜7.0。酸性土では生育しにくいので石灰で土壌を中和させる。寒さには強いが、高温に弱く、25℃が生育限界温度である。

（3）ホウレンソウの作型

【花芽分化・抽苔】…代表的な長日植物で、日長13〜16時間になると花芽分化する。花芽分化後12時間以上の日長と適温で抽苔する。東洋種の方が長日に敏感で花芽分化しやすい。

【作型】…………暖地や中間地での「春まき栽培」、寒冷地での「夏まき栽培」、暖地や中間地での「秋冬まき栽培」がある。かつては夏の出荷は少なかったが、現在は夏の出荷も増えて1年を通して安定出荷がなされている。簡易ハウスによる雨よけ栽培が盛んである。

【品種】…………「東洋種」は葉が薄く、葉縁の凹凸が著しい。長日に敏感で抽苔しやすいので秋まきに向く。「西洋種」は葉が厚く、葉縁は滑らかで抽苔しにくく、春・秋まきに向く。

【雌雄異株】……雌雄異株の野菜であり、抽台時の雌株と雄株の比率はほぼ同じである。

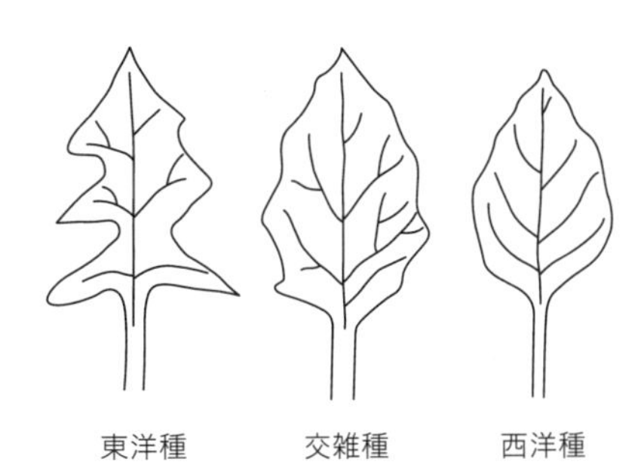

(『改訂新版 日本農業技術検定 3級テキスト』全国農業高等学校長協会、2020)

図4-45 ホウレンソウの種類

(4) ホウレンソウの病害虫

べと病、ウイルス病のほか多くの病害があり、土壌病害の立枯れ病、いちょう病等も被害が大きい。害虫ではアブラムシ類、ヨトウムシ類、アザミウマ類、ネキリムシ類等に注意を要する。

◆例題◆

ホウレンソウ栽培の記述として、最も適切なものを選びなさい。

① 土壌の適応性が広く、酸性と過湿の土壌を好む。
② 春まき栽培では、気温が上がり、日長も長くなるので栽培がしやすい。
③ 種皮が柔らかく吸水しやすいので、発芽がそろいやすい。
④ カロテンと鉄を多く含み、秋まき栽培は春・夏栽培に比べて栄養価が高い。
⑤ 西洋種は葉先が尖り、抽台しやすいため、秋・冬栽培に利用される。

正解 ④

11. ダイコン

(1) ダイコンの種類と生産状況

1) ダイコンの種類

アブラナ科で全国各地で独特の品種がある。現在は「青首ダイコン」と「白首ダイコン」の2つの品種群が主に生産されている。主流は根の上部が緑色で辛味が弱く甘味が強い「青首ダイコン」だが、根の全体が白い「白首ダイコン」は漬物や刺身のツマに利用されている。

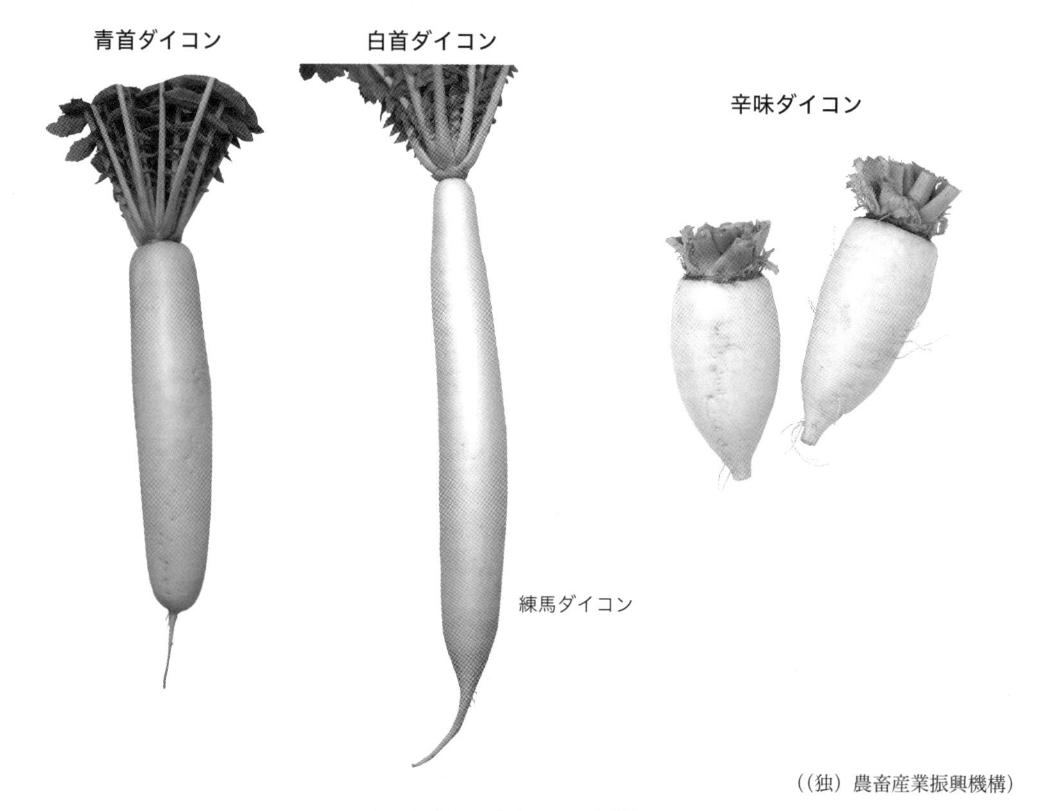

図4-46 ダイコンの種類

2) ダイコンの主要産地

令和3年の作付面積は2万9,200ha、出荷量は103万3,000t。主要産地は千葉県、北海道、青森県、鹿児島県、神奈川県、宮崎県である。

表4-13 ダイコンの主要産地（令和3年）

順位	産地	作付面積（ha）	10a当たり収量（kg）	収穫量（t）	出荷量（t）
1	千葉県	2,570	5,740	147,500	136,900
2	北海道	2,980	4,810	143,200	134,800
3	青森県	2,770	4,130	114,400	104,200
4	鹿児島県	1,970	4,700	92,500	82,900
5	神奈川県	1,070	6,930	74,100	67,800
6	宮崎県	1,730	4,060	70,200	63,200
全国合計		29,200	4,280	1,251,000	1,033,000

（『野菜生産出荷統計』農林水産省、2022）

(2) ダイコン栽培の基礎

ダイコンは、冷涼な気候を好む、秋まき野菜として代表的な野菜である。栽培は秋まき栽培のほかに冷涼地での春まき栽培などもあり、地域の気候を生かした栽培が行われているので、ほぼ年間を通して流通している。根菜類なので、耕土が深く保水性のよい土が適している。広く生食用や加工用として利用されている。豊富な酵素を含んでいる。生育が早く、栽培は比較的容易である。

【植物分類・園芸分類】…アブラナ科、根菜類。

【生育の特性】…生育適温は15～20℃で、冷涼な気候を好む。根は深根性で、地中深く伸びるので、耕土が深く、排水性、通気性、保水性のよい土が適している。秋まき栽培で、収穫まで70～90日と、成長の早い野菜である。

【耕起】…………根菜類であり、「ダイコン十耕」のことわざのように、土を深く掘り、土が細かくなるようによく耕すことが大切である。

【耕作準備】……種まきの約2週間前に苦土石灰を入れ、土を中和する。同時に堆肥等の元肥を入れ、幅30～40cmのまき床を作る。ただし、荒い有機物肥料は岐根（きこん）の原因となるので、注意が必要である。

【種まき】………点まきかすじまきで直接畑にまく。株間30cmで、1カ所2～3粒の点まきにする。1cmほど覆土し、かん水をする。

【間引き】………本葉が3～4枚の時期に2株に、本葉が5～6枚の時期に1株にする。間引き後は、株の根元に土寄せをする。

【花芽分化と抽苔（ちゅうだい）】…ダイコンはハクサイと同様に種子春化型の花芽分化を行う。種子活動が始まって以降、12℃以下の低温に1～2週間あうと花芽分化する。春越えのダイコンは花芽分化しやすいのでトンネル栽培で脱春化の工夫をする。

【追肥・中耕・土寄せ】…一般に速効性の化成肥料を用いる。中耕をすることによって、土中の空気や水のとおりがよくなり、根が発達する。また、株間の雑草の発生を防ぐことができる。土寄せをすることで、ダイコンが曲がるのを防ぐ効果がある。一般に間引きの後や追肥の後に行うとよい。

【抽根性】………直根の上部（胚軸や茎）が地上に伸び上がってくる性質をいう。

【岐根】…………荒い堆肥等の有機物を多量に施したり、小石があると岐根等の原因になる。

【す入り】………直根の中心部にすき間ができること。す入りが発生する原因として、収穫適期を過ぎてからの収穫や、肥料不足、生育条件がよいために根が急激に肥大した場合などがある。

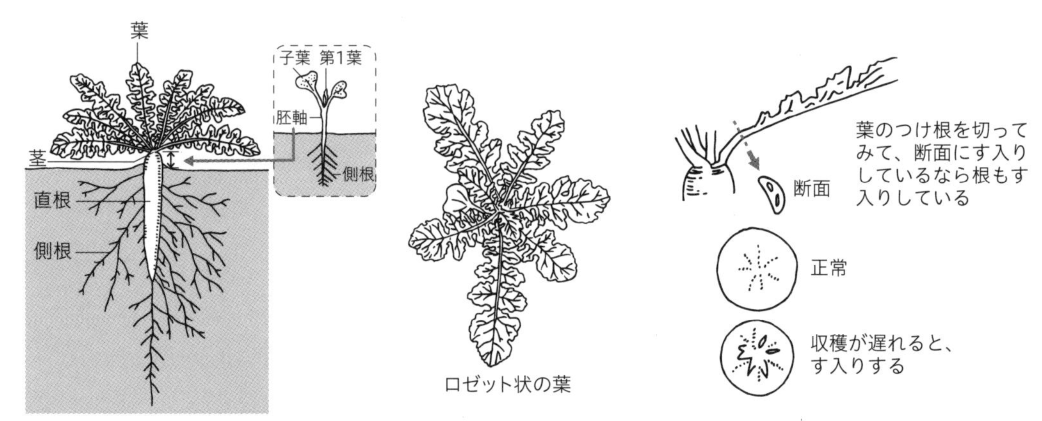

（『改訂新版 日本農業技術検定 3級テキスト』全国農業高等学校長協会、2020）

図4-47　ダイコンの形状

（『改訂新版 日本農業技術検定 3級テキスト』全国農業高等学校長協会、2020）

図4-48　す入りの状態

【生食・加工】…ダイコンは、おでんや味噌汁の具として加熱利用されたり、ダイコンおろしやサラダなどのように生食で利用される。また、たくあんや千枚漬け等の漬け物や切り干しダイコンなどに加工されて利用される。ダイコンには、生食に適した品種と加工に適した品種とがある。

(3) ダイコンの一生

ダイコンは、播種（種まき）から収穫までの期間は70日から90日くらいである。生育の前半は直根の伸長が主体となる。発芽してから20日から30日経つと直根の初生皮層がはがれ、葉数の増加とともに、根重は急速に増えて直根の肥大が始まる。その後、葉は大きく生育し、後半の根の肥大に役立つようになる。発芽後40日くらい経過すると直根は太さ6cm程度、長さ35cm程になり、いつでも収穫できるようになる。

(4) ダイコンの栽培管理

ダイコンは元肥（マルチ栽培では全量元肥とする）を施し、十分に耕起したほ場に種を直接まく。その後、間引き、除草、土寄せを数回行う。また、病害虫対策を計画的に行うことも必要である。

(5) ダイコンの生育の特徴

ダイコンは冷涼な気候を好む野菜であるが、発芽適温の幅は広い。ほかのアブラナ科野菜と異なり、種子は嫌光性である。根は深く伸びるので、耕土が深く、保水力があり排水性のよい沖積土や火山灰土などが適している。酸性には強いが、土が加湿になると湿害や軟腐病による腐敗が多くなるので、排水に努める必要がある。種子の活動が始まってから全期間にわたり低温にあうと花芽分化する種子春化型の野菜である。低温感応性は品種によって差はあるが、一般に12℃以下の低温に1〜2週間あうと花芽分化し、花芽分化後は生育に適当な温度と日長があると抽苔が促進される。花芽分化や抽苔をすると根の肥大が悪くなり、品質が低下する。

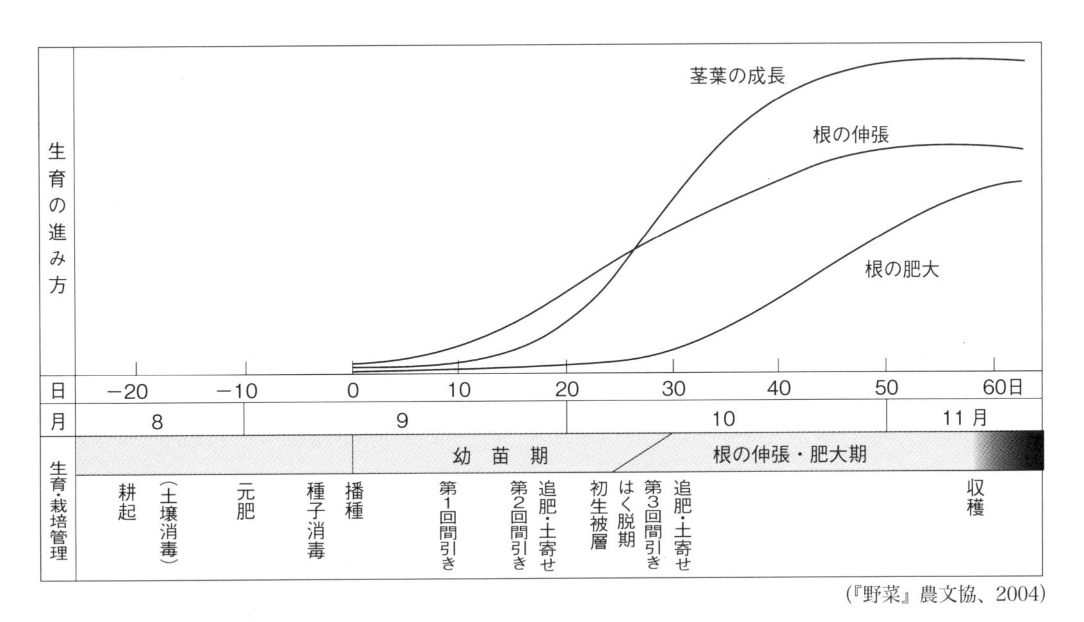

(『野菜』農文協、2004)

図4-49 ダイコンの生育経過(一生)と主な栽培管理(冬どり栽培)

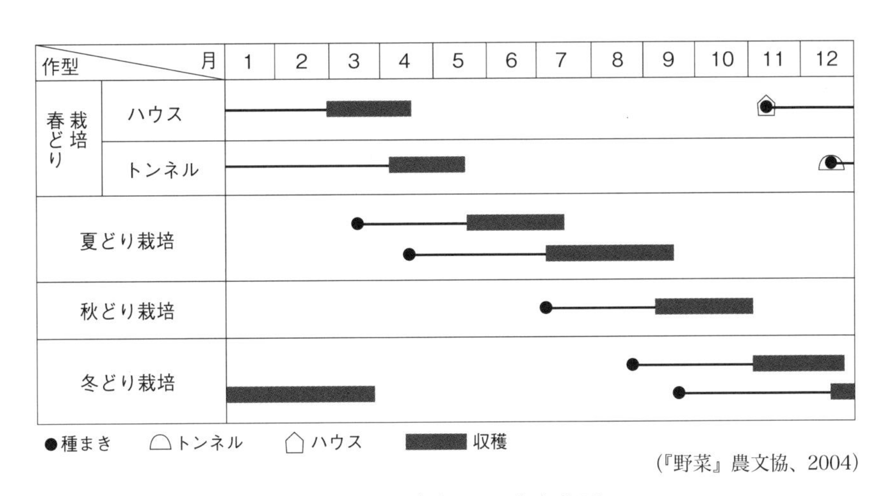

(『野菜』農文協、2004)

図4-50 ダイコンの主な作型

(6) ダイコンの作型と品種

ダイコン栽培では、春夏秋冬それぞれに応じた作型がある。作型に応じた品種の選択と適期の播種が特に大切である。

【春どり栽培】…冬が温暖な地域に限定されていたが、ハウスやトンネル栽培技術の確立により産地が拡大している。

【夏どり栽培】…早まきすると早期のとう立ちが、遅まきすると病害虫（特にウイルス病、軟腐病、い黄病など）の発生が多くなる。また、生理障害も発生しやすい。

【秋どり栽培】…冷涼な気候を利用した基本的な作型で、青果用と加工原料用の栽培がある。

【冬どり栽培】…生育後期から気温が低下して生育が悪くなるので、トンネル、マルチ、べたがけなどで保温する。

【品種】…………ダイコンは品種によって温度に対する反応が異なり、秋どり品種は低温にあうと、花芽分化、とう立ちがしやすい。春どり品種は低温に対して鈍感で、花芽分化、とう立ちが遅く、耐寒性が強い。夏どり品種は耐暑性は強いが、低温にあうと秋ダイコンよりさらに花芽分化しやすく、とう立ちが早い。根部の肥大に適した地温は20℃前後である。この点も考慮して播種時期を決める。

(7) ダイコンの生理障害と病害虫

病害虫の被害にみえる症状の中には生理障害によるものもある。それぞれの病状に応じた対策が必要となる。

1) ダイコンの生理障害と防除方法

【ホウ素欠乏症】…ダイコンはホウ素を多く必要とするので、欠乏すると根の表面に亀裂が生じ褐変する。発生する畑には、前作に堆肥を施用する。

【岐根】…………主根の成長点が、早い時期に未熟堆肥や高濃度の肥料に接触したり、センチュウなどの土壌害虫の食害で枯死、切断された場合に起こる。したがって、土壌消毒や完熟堆肥の施用、ていねいな耕起作業などが対策としてあげられる。

【空洞症】………青首系ダイコンに発生しやすく、直根下部の中心に白または褐色の空げきができる。肥大が始まったころから症状が現れる。品種の選定と、温度や土壌水分などの環境条件を極端に変化させないことが必要である。

【す入り】………生育後半に根部への同化養分の供給が追いつかず、細胞や組織が老化してすき間が作られる現象である。栽培環境を改善することが対策の基本となる。

2）ダイコンの病害虫と防除方法

【ウイルス病】…葉が濃淡のモザイクになったり縮んだりして生育が妨げられる。気温が高い時期にアブラムシによって媒介されることが多いので、シルバーマルチなどをして防除に努める。

【軟腐病・黒腐病】…軟腐病にかかると根が軟化、腐敗し悪臭を放つ。黒腐れ病は根の中心部が黒く変色し空洞になる。いずれも細菌による土壌伝染性の病気で、土の消毒や輪作によって防ぐことができる。

【い黄病】………フザリウム菌による土壌病害であり、高温期に発生する。また、酸性土壌で助長される。対策としては抵抗性品種の導入や薬剤による土壌消毒などがある。

【害虫】…………主な害虫は、アブラムシ類、シンクイムシ、サルハムシ、ヨトウムシ類、アオムシ、ネコブセンチュウ、キスジノミハムシなどである。キスジノミハムシの幼虫による根部表面の肌あれや食痕は軟腐病の原因にもなる。したがって、殺虫剤による初期の予防が必要である。

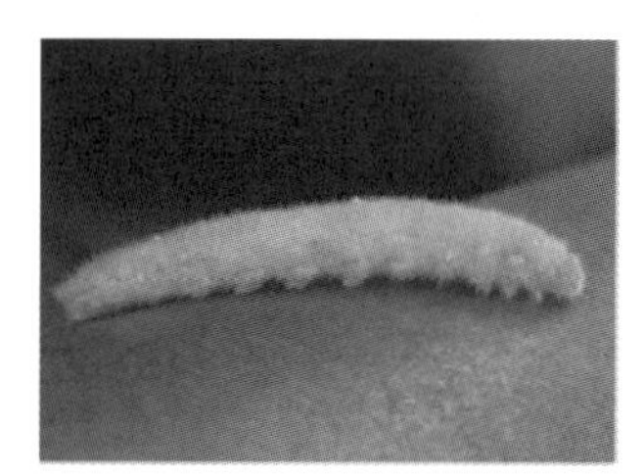

図4-51 アオムシ

図4-52 キスジノハムシ

図4-53 ダイコン軟腐病

◆例題◆

ダイコンの花芽分化に関する記述として、最も適切なものを選びなさい。

① 生育中の低温に遭遇すると花芽分化する。
② 生育中の高温に遭遇すると花芽分化する。
③ 種子の給水から発芽直後の低温に遭遇すると花芽分化する。
④ 生育中の長日条件により花芽分化する。
⑤ 生育中の短日条件により花芽分化する。

正解 ③

◆例題◆

ダイコンのホウ素欠乏症の記述として、最も適切なものを選びなさい。

① 根の表面に亀裂が生じ、褐変する。前作に堆肥を施用して防ぐ。
② 間引き以降、高温により生育が急に進んだ場合や、低温や過湿により生育が停滞した場合に発生しやすい。
③ 根の先端の成長点に障害が発生し、側根が肥大する。
④ 青首部にしわが入り、しだいに褐変し、内部が空洞化する。
⑤ 青首部を中心に根の内部が透き通った状態になる。

正解 ①

12. スイカ・メロン

(1) スイカ・メロンの品種と生産状況

1) スイカの種類と主要産地

スイカは夏を代表する果実的野菜で、大きさで大玉、小玉、正円形、楕円形に分けられ、果皮の色も緑、緑に黒い縞模様、果肉の色も赤、黄色など種類が多い。消費量は減少傾向にある。

令和3年産のスイカの作付面積は9,200ha、出荷量は27万5,800tである。主要産地は熊本県、千葉県、山形県、新潟県、鳥取県、愛知県である。

2) メロンの種類と主要産地

令和3年のメロンの作付面積は6,090ha、出荷量は13万6,700tである。主要産地は茨城県、熊本県、北海道、山形県、愛知県、青森県である。

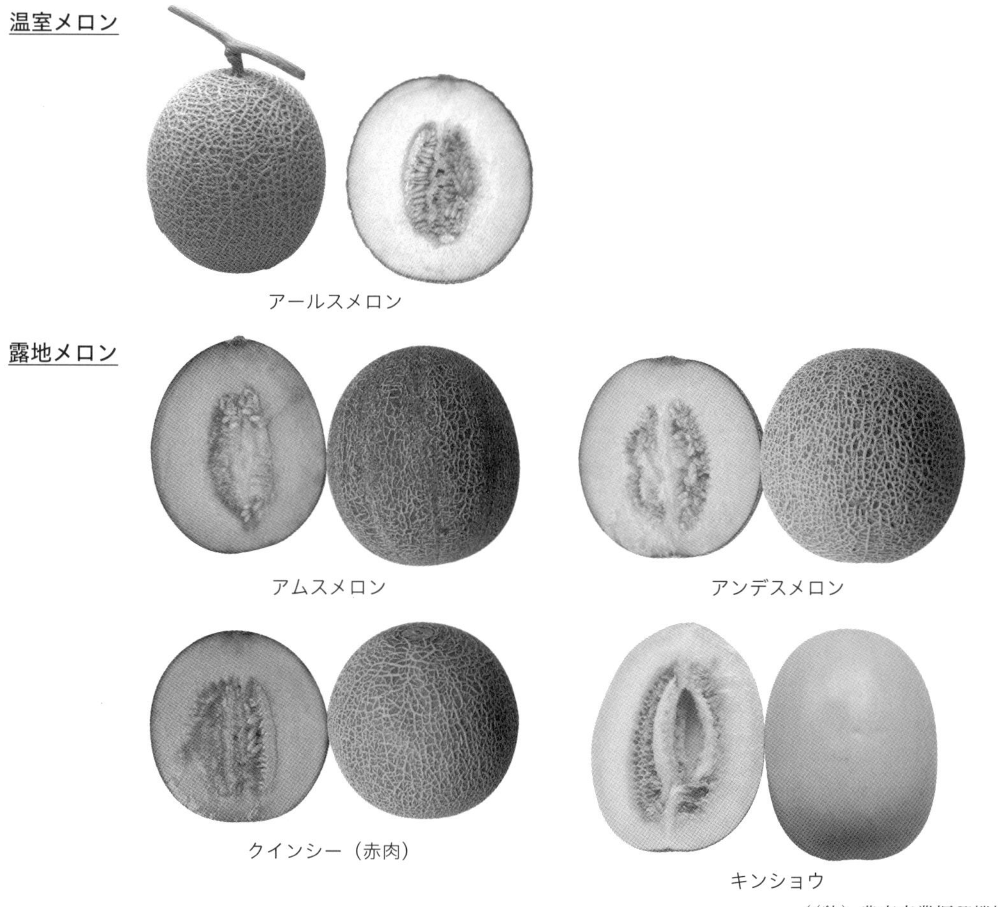

図4-54 メロンの種類

表4-14　スイカの主要産地（令和３年）

順位	産地	作付面積（ha）	10a当たり収量（kg）	収穫量（t）	出荷量（t）
1	熊本県	1,280	3,850	49,300	46,400
2	千葉県	974	3,850	37,500	34,600
3	山形県	785	4,100	32,200	28,100
4	新潟県	505	3,520	17,800	15,600
5	鳥取県	368	4,550	16,700	15,500
6	愛知県	397	4,200	16,700	15,100
全国合計		9,200	3,470	319,600	275,800

（『野菜生産出荷統計』農林水産省、2022）

表4-15　メロンの主要産地（令和３年）

順位	産地	作付面積（ha）	10a当たり収量（kg）	収穫量（t）	出荷量（t）
1	茨城県	1,210	3,020	36,500	34,200
2	熊本県	849	2,990	25,400	24,000
3	北海道	925	2,210	20,400	18,900
4	山形県	495	2,110	10,400	9,090
5	愛知県	371	2,590	9,610	9,040
6	青森県	449	2,150	9,650	8,390
全国合計		6,090	2,460	150,000	136,700

（『野菜生産出荷統計』農林水産省、2022）

(2) スイカ・メロンの一生

ウリ科野菜であるスイカやメロンの一生は、図4-54、図4-55の通りであり、ほかの果菜類と同様に栄養成長と生殖成長が並行して進む。育苗期間は作型によっても異なるが、スイカで約50〜60日、メロンで約40日。播種から収穫までの期間は、スイカのトンネル早熟栽培では約140日、ハウスメロンでは約130日である。

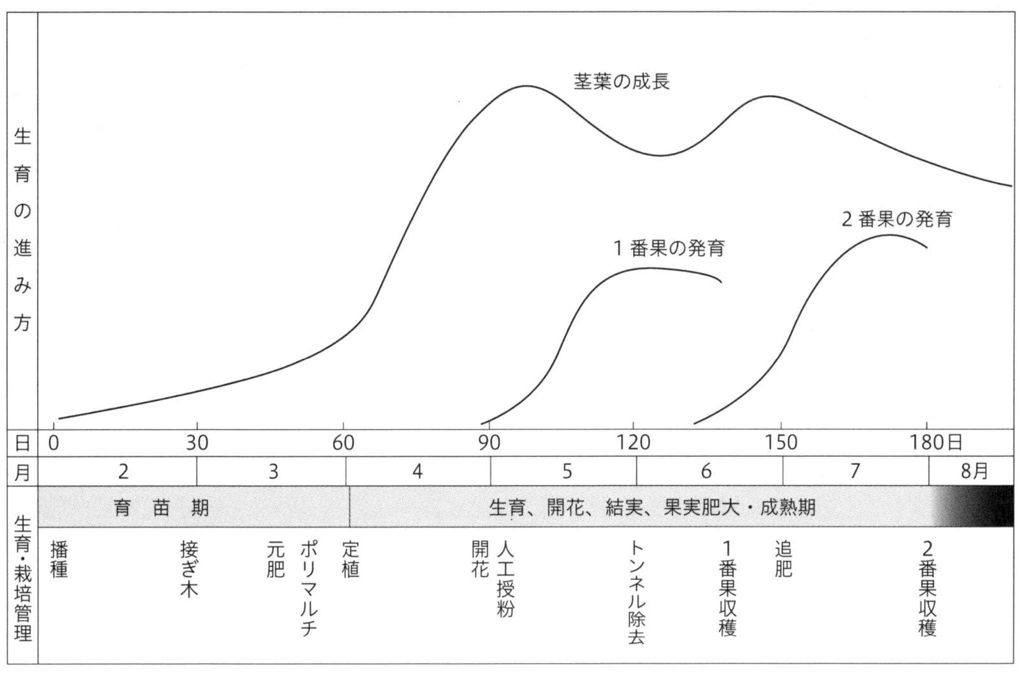

(『野菜』農文協、2004)

図4-55 スイカの生育経過（一生）と主な栽培管理（トンネル栽培）

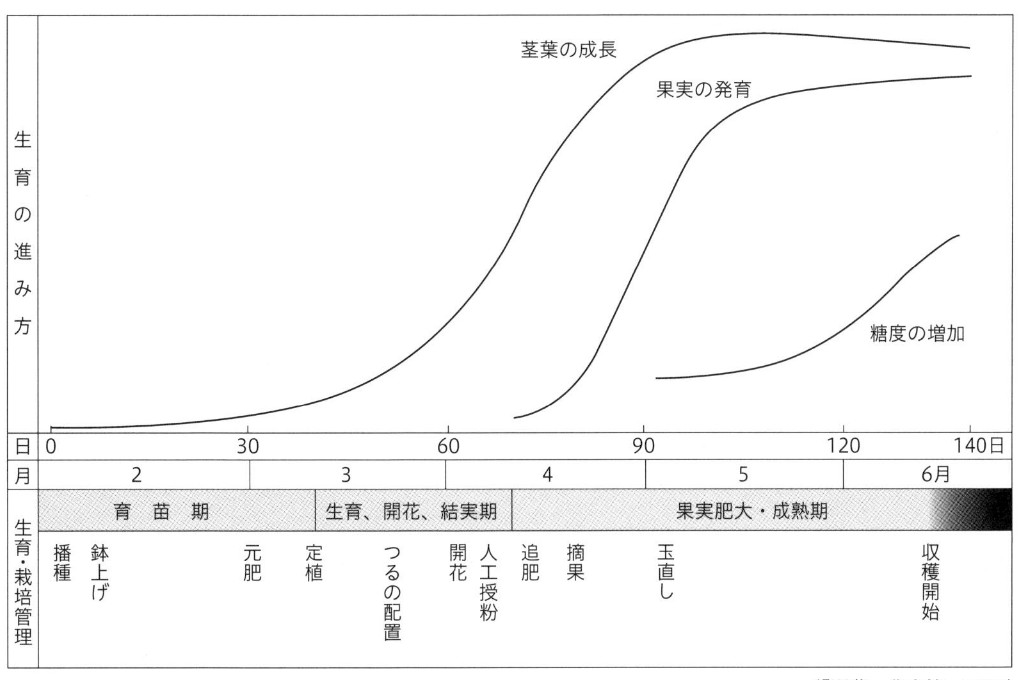

(『野菜』農文協、2004)

図4-56 メロンの生育経過（一生）と主な栽培管理（早熟栽培）

(3) スイカ栽培の基礎

スイカはアフリカ中部の砂漠地帯が原産で、日本には15～17世紀に中国から伝わった。果実の約90%は水分だが、カリウムも多く、夏の疲労回復や利尿作用などの効果がある。ほかの果物との競合もあり、近年では生産量は減少している。

【植物分類・園芸分類】…ウリ科、果菜類。

【生育の経過】…スイカの種子は硬く、発芽には５～７日かかる。40～50日の育苗期間で３～５葉の苗にし、本畑に植える。畑では約１カ月のつるの伸長期（子づる、孫づるの伸長）で３～４本のつるを伸ばす。種まきから収穫まで約110～115日である。

【栽培環境】……発芽の適温は25～30℃、生育の適温は昼間25～32℃、夜間15～18℃と、高温を好む野菜である。光飽和点は６万～７万lx（ルクス）と、ウリ科野菜の中では強い光を必要とする。スイカの根は、土中深くに伸びるため、軟らかく排水性のよい土壌が適する。

【着果習性】……花は葉えき（葉の付け根）に着生する。雌花、雄花、両性花があり、栽培環境などで変化する。雌花は６～８節に第１花がつき、その後５～８節ごとに第２花、第３花がつく。

【つるの伸長】…親づるが伸長すると、低節位から子づるが発生する。窒素肥料や水分が多いと栄養成長が盛んになり落花が多くなる。また、光の不足でも落花が多くなる。

【種まき】………種子は吸水性が高いので、床土が過湿にならないよう注意する。

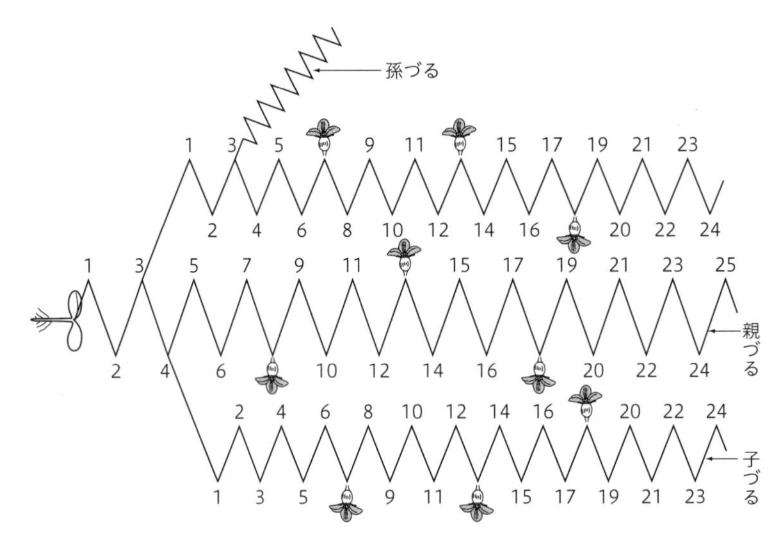

（『改訂新版 日本農業技術検定 3級テキスト』全国農業高等学校長協会、2020）

図4-57 スイカの雌花のつき方

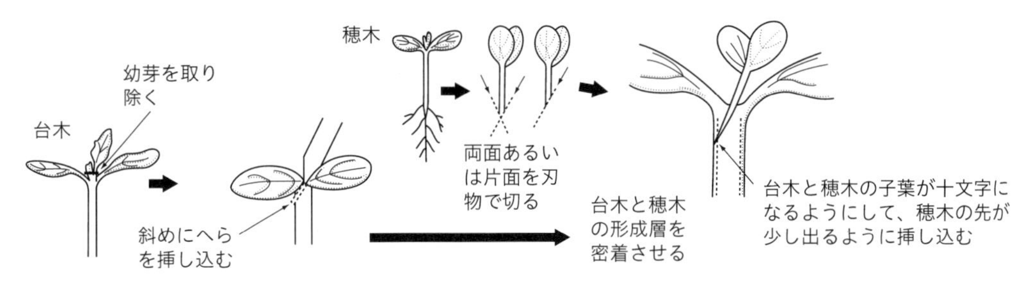

（『改訂新版 日本農業技術検定 3級テキスト』全国農業高等学校長協会、2020）

図4-58　挿し接ぎの方法

【接ぎ木】………つる割れ病などの土壌病害の発生防止のため接ぎ木を行う。台木はユウガオが多い。育苗した穂木の第1葉が出たら穂木を切断して、台木に挿し込む(断根挿し接ぎ)。

【人工授粉】……受粉はミツバチを用いると省力的である。しかし、花粉媒介昆虫の少ない時期や株当たりの果実数を制限する栽培などでは、雌花に人工授粉を行う。スイカは雌花、雄花、両性花があり、栽培環境などで変化する。

【摘果】…………スイカは果実が大きいのでつる2本に対して1果実とする。果実が鶏卵大のときに、変形果や傷果を除き、楕円形の果実を残す。

【玉直し】………果実の直径が10cmくらいの時に、花落ち部を下にする。その後、収穫7～10日前に果実を反転させて一様の着色を図る。

【病気】…………主な病害は土壌伝染性のつる割れ病と急性いちょう病である。いずれも接ぎ木により予防する。

(4) スイカ・メロンの栽培管理

スイカ・メロンの栽培管理は床土の準備から始まり、播種、育苗、接ぎ木育苗、畑の準備、定植、施肥、整枝、受粉、摘果、病害虫防除となる。受粉・受精は、確実に行われるように人工授粉をすることが多い。ミツバチを利用した受粉も行われるが、花粉を媒介する昆虫が少ない時期の栽培や、株当たりの果実数を厳密に制限した栽培などでは、良好な雌花に人工授粉を行う。また、気温15℃を目安として、花粉の活力が高い午前9時頃までに行う。スイカ栽培では、受粉後に着果が確実となった果実には、着果標識（2、3日おきに標識の色を変える）や案内棒（受粉日を記録）を立てておく。メロンでは交配した日にちのラベルをつけておく。

スイカでは、連作などによる土壌病害であるつる割れ病の回避と低温伸長性の付加を目的として、ユウガオ、ニホンカボチャ、雑種カボチャ、トウガン、抵抗性のスイカ（共台（ともだい））などを用いた接ぎ木（断根挿し接ぎ）が行われる。一方、プリンスをはじめマクワ型メロンでは、接ぎ木の台木にカボチャが使われるが、ハウスメロンやアールス系メロンでは果実の品質が悪くなるため、つる割れ病を防ぐ台木として抵抗性のメロン（共台）を使う。

(5) スイカ・メロンの生育の特徴

スイカ・メロンは高温を好み、ウリ科野菜の中で最も強い光を必要とする。特に、花芽の分化や発達には光や温度が影響し、光不足や30℃以上の高温になると雌花の着生が悪くなる。土壌酸度は弱酸性から中性がよい。

メロンの根は浅根性で、地下10〜25cmのところに広く分布し、多くの酸素を必要とするので、排水性や通気性のよい土が適する。土壌水分の多少は果実糖度の増加やネット発生にも影響する。

着果習性はスイカの花には雌花、両性花、雄花があり、各花の着生する割合は品種、温度、栄養条件、栽培環境などによって変化する。雌花は通常、親づる、子づるともに第7節か第8節につき、その後は5〜6節ごとにつく。低節位に着果した果実は、へん平、厚皮、空洞になり商品性が劣る。

メロンの雌花は通常親づるにはつかず、子づる・孫づるの第1節に1花ずつつき、雄花は親づるや雌花のつかなかった子づる・孫づるの各節につく。

受粉と果実の発育経過は次のようになる。

スイカでは主にミツバチやハナアブなどが花粉を媒介（虫媒）し、受粉・受精する。花粉媒介昆虫の活動が盛んでないときには人工授粉が必要である。受粉後、成熟するまでの日数は35日から45日くらいである。開花後20日頃までに果実の大きさはほぼ決定され、それ以降の生育や環境は品質に影響する。

メロンの温室やハウス内での着果には、人工授粉やミツバチによる受粉が必要である。受精後の子房は急速に肥大し始め、15日から20日頃まで盛んに肥大し、その後、果実の成熟が進み糖度が上昇する。ネット型では開花2週間後のころからネット形成がはじまる。

(6) スイカ・メロンの作型、整枝法

スイカ・メロン栽培には多くの作型があり、管理作業の時期が異なる。また、作型や仕立て方により整枝法も異なる。

1) 作型

スイカではトンネル早熟栽培、半促成栽培が多い。促成栽培では小玉種もよく栽培される。メロンではハウスメロン、露地メロンを中心に品種改良が進んでいる。

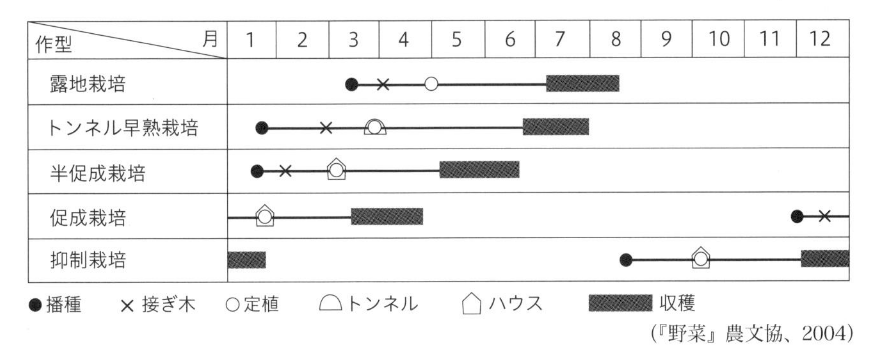

（『野菜』農文協、2004）

図4-59　スイカの主な作型

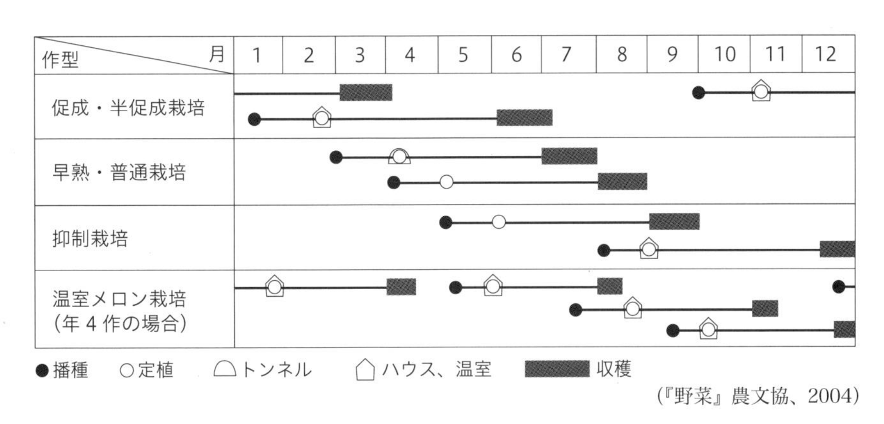

（『野菜』農文協、2004）

図4-60　メロンの主な作型

2）整枝法

スイカ・メロンは作型や品種に適した整枝を行う。メロンの支柱栽培を例として示す。

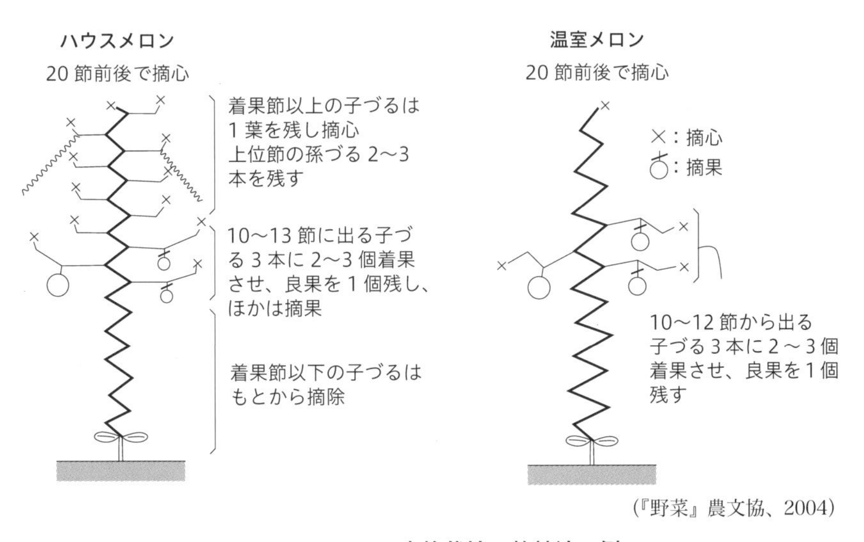

（『野菜』農文協、2004）

図4-61　メロン支柱栽培の整枝法の例

(7) スイカ・メロンの病害虫

スイカやメロンは、病気ではうどんこ病、急性いちょう病やウイルス病など、害虫ではハダニ類やネコブセンチュウの被害を受けやすい。

1) 病害

スイカ・メロンには、さまざまな病害の発生がみられる。主な病害は、以下の通りである。

【うどんこ病】…葉の表面と裏面、あるいは葉柄や茎などに発生する。いずれも病斑部に円形の白粉を生じ、ときにはその周辺が黄化する。ひどくなると汚白色の粉状となり、葉の全面を覆うようになる。病原菌は水に弱いのが特徴で、乾燥したときに被害が大きくなるので、露地栽培、施設栽培とも乾燥し過ぎないように管理をする。

【急性いちょう病】…ユウガオを台木としたスイカにだけ、果実の肥大期に発生する。初めは晴れた日中だけ葉がしおれるが、やがて一日中しおれるようになり、やがて枯れる。土壌消毒や接ぎ木の台木をトウガンやスイカ共台にして対策をする。

【ウイルス病】…果実が熟すころに果肉の色がまだらになったり、甘味がなくなったりする。キュウリ緑斑モザイクウイルス(CGMMV)が原因と考えられている。対策として種と土の消毒を行う。

【つる枯れ病】…茎では地ぎわに発病し、灰緑色の後に灰褐色となり、表面がざらざらして小黒粒点を生ずる。病原菌は雨水により飛散する。対策として、連作を避け、できるだけ新しい畑を選んで作付けする。

2) 害虫

スイカ・メロンにはさまざまな害虫の発生が見られる。主な害虫とその対策は、以下の通りである。

【ハダニ類】……葉の裏に寄生する。口針を植物組織に挿入して葉緑素を吸汁するため、加害された葉は白くかすり状に抜け、著しく加害された株は枯死する。これらは多くの農作物や各種雑草に寄生する。農薬散布による防除では、葉の裏にかかるようにていねいに散布する。また、薬剤抵抗性が発達しやすいので、系統の異なる薬剤をローテーションして使うようにする。

【ネコブセンチュウ】…ネコブセンチュウの寄生によって根の機能が衰えるため、生育が抑制され、日中しおれやすくなり急性いちょう症状などが起こる。特に果実が肥大するころから生育遅延や葉のしおれと黄化が起き、ほ場全体の生育が不ぞろいとなる。作付け前に薬剤で土壌消毒することで防除する。土壌消毒をする場合には施設の密閉、ビニールでの被覆などを行い、地温を確保する。

◆例題◆

スイカ栽培の説明として、最も適切なものを選びなさい。

① 収穫時期は開花日から一日の最高気温の積算で判断する。
② 収穫時期は開花日から一日の最低気温の積算で判断する。
③ 降雨は受精を促進するため、人工授粉は降雨を待って行うと良い。
④ 人工授粉は午前9時頃までに行うと良い。
⑤ 人工授粉は高温期ほど受粉可能時間が長くなる。

正解 ④

13. ニンジン

(1) ニンジンの種類と生産状況

1) ニンジンの種類

ニンジンは、中国から入った長根系の東洋種と、明治時代に導入された西洋種に分かれる。収穫作業がしやすい短根系で栽培期間が短い西洋種の栽培が多く、五寸ニンジンが主力となっている。東洋種では金時ニンジンの流通量が多い。

((独) 農畜産業振興機構)

図4-62 ニンジンの種類

2) ニンジンの主要産地

ニンジンの令和3年の作付面積は1万6,900ha、出荷量は57万2,400tである。主要産地は北海道、千葉県、徳島県、青森県、長崎県、茨城県、愛知県である。

表4-16 ニンジンの主要産地(令和3年)

順位	産地	作付面積(ha)	10a当たり収量(kg)	収穫量(t)	出荷量(t)
1	北海道	4,540	4,440	201,600	188,000
2	千葉県	2,900	3,870	112,200	104,900
3	徳島県	937	5,330	49,900	45,700
4	青森県	1,260	3,370	42,500	39,900
5	長崎県	816	4,040	33,000	30,400
6	茨城県	878	3,630	31,900	28,100
7	愛知県	387	5,530	21,400	19,600
全国合計		16,900	3,760	635,500	572,400

(『野菜生産出荷統計』農林水産省、2022)

(2) ニンジンの一生と作型

ニンジンは根菜類の中ではダイコンに次いで作付けが多く、全国の産地のリレーにより周年出荷されることから、年間を通して安定した出荷量となっている。

作型としては、夏まき秋冬どり栽培が基本作型である。春まき夏秋どり栽培は冷涼地で行われている。冬まき初夏どり栽培は、関東以西でトンネル栽培によって行われている。

種子は15～25℃で発芽のそろいがよく、根の肥大は18～21℃、着色は16～21℃が適している。高温では茎根の生育や根の肥大・着色が悪くなり、低温では葉色は濃いが、生育が遅れて根は細長くなり、着色も悪い。

播種から収穫までの期間は主に根長によって違い、短根種で約80日、長根種で約140日である。茎葉の初期生育は緩慢であるが、根は伸び続けており、播種後約50日頃から急速に成長、肥大して着色する。

ニンジンの根にはカロテンという色素が含まれ、この色素がニンジンをオレンジ色にする。カロテンはプロビタミンA（ビタミンAになる前の物質）であり、ヒトの体内でビタミンAに変わることから、ニンジンは保健野菜として注目されている。

(3) ニンジンの栽培管理

1) ニンジンの播種

生育に適した土壌の条件は、pH6.5～6.6程度である。

播種は直まきで、点まき、あるいはすじまきとする。発芽には、夏まきで7日から10日、冬まきで15日から30日かかる。間引きは普通1～2回行う。土寄せは中耕を兼ねながら根首が隠れるように行う。

収穫が遅れて過熟になると裂根が多くなるので、適期の収穫が大切である。

2) ニンジンの発芽と花芽分化

ニンジンはダイコンと同じように冷涼な気候を好み、一般の平坦地では春と秋が栽培適期となる。種子の発芽率は約70%とほかの野菜に比べてやや低く、低温や高温、乾燥条件下では発芽しにくい。根は深く伸びるため、耕土が深く、排水性、保水性がよく、有機質に富む土が適している。

花芽分化は緑植物春化型で、ある程度以上の大きさで低温にあうと分化する。花芽分化は緑植物春化型で、ある程度以上の大きさで低温にあうと分化する。花芽分化後に生育に適する温度と長日にあうととう立ちしてしまう。

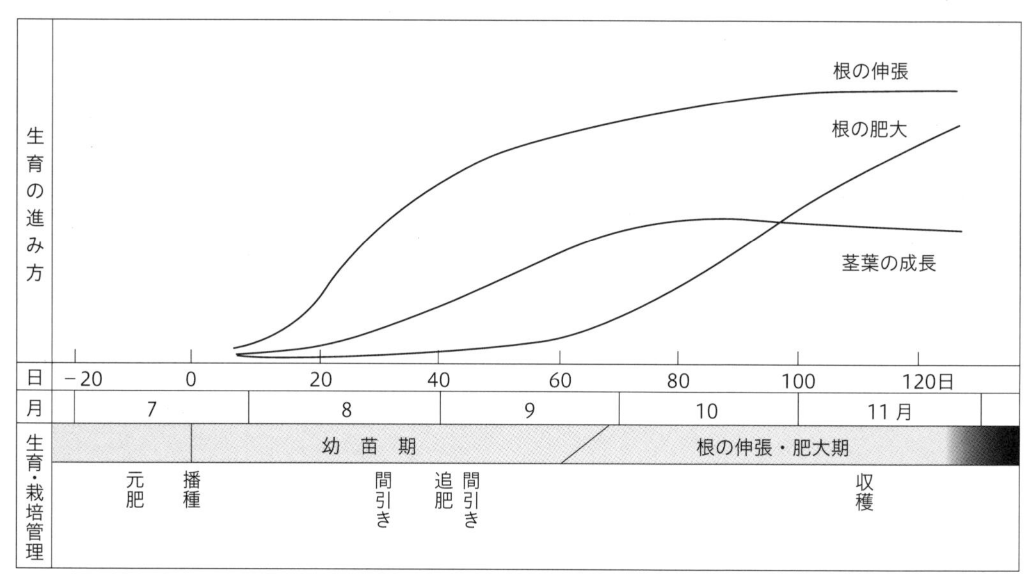

（『野菜』農文協、2004）

図4-63　ニンジンの生育経過（一生）と主な栽培管理（夏まき栽培）

3）ニンジンの播種（発芽率が低い理由と留意点）

ニンジンの種子の発芽率が低いのは、種子の寿命が短い、乾燥に弱いなどいくつかの理由がある。播種の際はその特性にあわせて、以下のような注意が必要である。

【種子寿命】……1年から2年程度と種子の寿命が短く、発芽力が低下しやすいため、古いものは使用しない。

【発芽条件】……35℃以上ではほとんど発芽せず、10℃以下では発芽に多くの日数を要するため温度管理が重要となる。また、好光性種子であるため、覆土が厚いと発芽率が悪くなる。なるべく降雨を待ってから播種をしたり、播種直後から発芽するまでべたがけ被覆を行ったりする。

【播種の方法】…播種は直まきで行い、点まき、あるいはすじまきとする。最近では播種の精度を高め、作業を省力化するために播種機が利用されている。また、発芽率の向上を目的として、デンプンや粘土などで球型に加工されたコーティング種子も利用されている。

図4-64　コーティング種子

（参考8）主要野菜の種子の発芽率と加工種子

農林水産省「指定種苗等の生産等に関する基準」に基づく発芽率は下表の通りだが、生産現場では野菜の生種（きだね）（加工されていない種子）は85％以上、コーティング種子は90％以上の発芽率が期待されている。

品目	発芽率	品目	発芽率
キャベツ	75%	ナス	75%
キュウリ	85%	レタス	80%
ダイコン	85%	ホウレンソウ	75%
トマト	80%	ニンジン	55%

（「指定種苗の生産等に関する基準」農林水産省、1983）

（4）ニンジンの病害虫と生理障害

ニンジンが被害を受ける病気には、黒葉枯れ病、白絹病、黄化病、モザイク病などがある。害虫は、ネグサレセンチュウ、アブラムシなどである。また、環境条件によっては裂根などの生理障害が起きるので注意する。

1）ニンジンの病害虫

気象条件や土壌条件により、さまざまな病害虫の発生がみられる。特に間引き後は茎葉が傷みやすく病害が発生しやすいため、適期に防除を行う。栽培前に土壌消毒を行ったり、適正な施肥管理を行ったりするなど、病害虫の発生を未然に防ぐとともに、発生初期に対処することが大切である。ニンジンの主な病害虫とその対策は以下の通りである。

【黒葉枯れ病】…夏に発生しやすい。葉に黒褐色の斑点ができて枯れる。乾燥や肥料切れに注意し、発生の初期に薬剤散布をする。

【白絹病】………地ぎわ部を侵し、根が軟化腐敗する。葉はしおれた後に枯れる。地ぎわ部とその周囲の地表に白色の菌糸が生じ、あわ粒状の褐色の菌核ができる。未熟有機物の施用を避け、土壌酸度を適正に管理する。

【ウイルス病】…黄化病は病株の葉が黄色や赤みを帯びた黄色となり、生育初期に感染すると生育が抑えられる。モザイク病はセルリーモザイクウイルス（CeMV）とキュウリモザイクウイルス（CMV）によって、葉がモザイク状の緑色の濃淡や糸状症状となる。いずれも、アブラムシが媒介する。

【害虫】…………ネグサレセンチュウ、ネコブセンチュウ、アブラムシなどがある。ネグサレセンチュウに根が食害されると商品価値を著しく落とす。収穫後の被害根を取り除き、土壌消毒を行う。また、アブラムシはウイルス病を媒介することがあり、発生初期に防除を徹底する。

2）ニンジンの生理障害

ニンジンは土壌水分などの環境条件に影響されやすく、さまざまな生理障害が発生しやすい。主な生理障害とその対策は以下の通りである。

【裂根】…………根が縦に割れるもので、根の内部が外部よりも盛んに発達すると生じやすい。生育の後半での乾燥した後の降雨や、収穫が遅れたときなどに発生する。

【岐根（きこん）】…………直根が伸びる過程で、直根の先端が成長しないで、側根が伸びて肥大することで起こる。根の直下に未熟な堆肥や濃厚な化学肥料があると発生する。また、センチュウも原因となる。

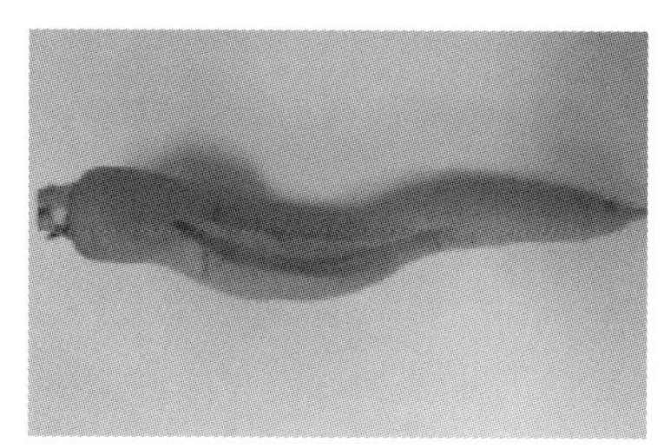

図4-65　裂根

◆例題◆

ニンジンは種子が細かく、ほかの野菜と比べて発芽率の低いことが特徴である。発芽率は栽植密度による根部の肥大に大きな影響を及ぼす。ニンジンの発芽率向上を目的とした技術のうち、最も適切なもの選びなさい。

① ニンジンの発芽率を向上させるためには、播種直後の土壌水分が不足しないことが重要であることから、播種後に大量のかん水を行うとよい。

② ニンジンの発芽率を向上させるためには、土壌水分や地温の安定した、深さ5cm以上に播種するとよい。

③ ニンジンの種子は嫌光性種子であるため、深めの覆土により発芽を安定させるとよい。

④ 欠株の出やすい畑での栽培においては、安定した発芽を確保できるセルトレイなどに播種し、一定期間育苗した後に移植をすると品質が安定する。

⑤ 吸水性の良いケイソウ土などに被覆したコーティング種子を用いることにより、発芽の安定と間引き作業の省力化を図ることができる。

正解　⑤

◆例題◆

ニンジンの根形は根部肥大期における地温条件で変化するが、高温の場合にできる根形はどれか、最も適切なものを選びなさい。

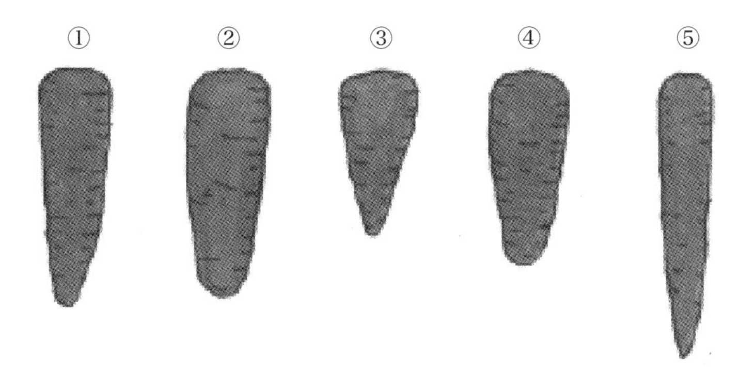

正解 ③

14. ブロッコリー

(1) ブロッコリーの種類と生産状況

ブロッコリーは1970年代から普及が進んでいる。品種は茎の頭にある花蕾だけを利用する頂花蕾型のほか、側花雷型などがある。

1) ブロッコリーの種類

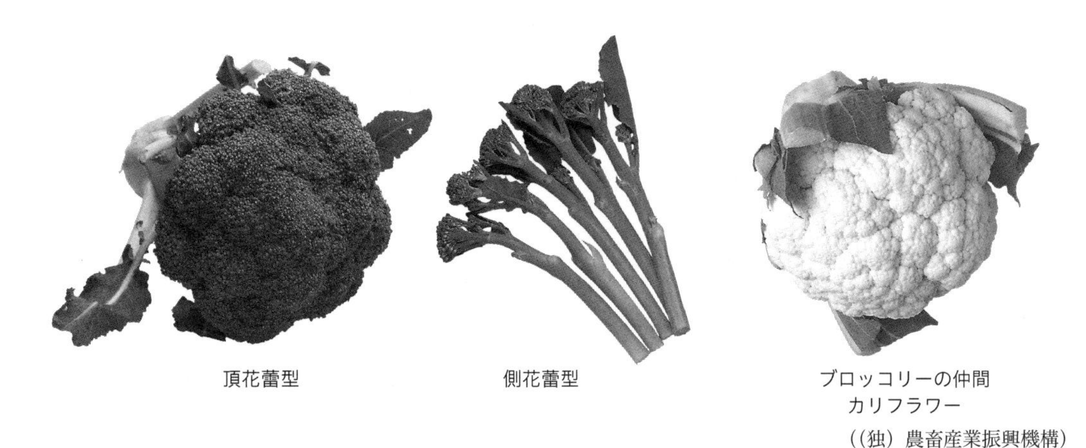

頂花蕾型　　側花蕾型　　ブロッコリーの仲間 カリフラワー

((独) 農畜産業振興機構)

図4-66 ブロッコリーの種類

2) ブロッコリーの主要産地

ブロッコリーの令和3年の生産面積は1万6,900ha、出荷量15万5,500tである。主産地は北海道、埼玉県、愛知県、香川県、長野県、徳島県である。

表4-17 ブロッコリーの主要産地(令和3年)

順位	産地	作付面積(ha)	10a当たり収量(kg)	収穫量(t)	出荷量(t)
1	北海道	3,030	921	27,900	26,500
2	埼玉県	1,200	1,330	16,000	13,700
3	愛知県	945	1,550	14,600	13,600
4	香川県	1,330	1,010	13,400	12,700
5	長野県	1,090	1,040	11,300	10,900
6	徳島県	974	1,190	11,600	10,800
全国合計		16,900	1,020	171,600	155,500

(『野菜生産出荷統計』農林水産省、2022)

(2) ブロッコリー栽培の特徴

ブロッコリーはアブラナ科の野菜で原産地は地中海沿岸とされている。生育適温は18〜20℃で冷涼な温度を好む。

土壌のpHは5.5〜6.5、ある大きさになって7〜10日間の一定期間低温にあうと花芽分化する緑植物春化型である。また、一定の大きさになった植物体が15〜20℃の比較的低温で順調に生育し、4〜6週間程で直径12〜15cmの花蕾になる。

花蕾の種類は、主茎の先端にできる頂花蕾と頂花蕾の収穫後に側枝の先端にできる側花蕾がある。花蕾の発育中の温度による影響が多い。

花蕾生育中に３０℃以上の高温に連続してあうと小さな葉が出たり（リーフィー）、つぼみが枯死し褐変する（ブラウンビーズ）、長期低温で花が小さくなる（ボトニング）、花蕾を不ぞろいにする（キャッツアイ）、窒素過多・ホウ素欠乏で花茎空洞症が発生するなどの生育障害が知られている。

◆例題◆

ブロッコリーの花蕾形成の説明として、最も適切なものを選びなさい。

① 温度は関係しない。
② 幼植物体の時期における20℃以上の高温が４〜６週間必要である。
③ 幼植物体の時期における15〜20℃の低温が４〜６週間必要である。
④ 種子の時期における20℃以上の高温が４〜６日間必要である。
⑤ 種子の時期における15〜20℃の低温が４〜６日間必要である。

正解 ③

◆例題◆

ブロッコリーの異常花蕾の説明として、最も適切なものを選びなさい。

① ブラウンビーズ：生殖成長から栄養成長に戻った結果、花蕾の中に葉が発生した状態。
② キャッツアイ：花蕾肥大期のストレスで、蕾が枯死し褐変した状態。
③ ボトニング：早期抽苔した結果、花蕾が大きくならない状態。
④ リーフィー：成長点の発育が座止した状態。
⑤ ブラインド：花蕾の中央が小さくなり、花蕾粒が不ぞろいになった状態。

正解 ③

15. ネギ

(1) ネギの種類と生産状況

「白（根深）ネギ」は出荷時期により春ネギ、夏ネギ、秋冬ネギに分かれる。春ネギは千葉県、茨城県を中心に、夏ネギは茨城県や北海道などを中心に、秋冬ネギは千葉県、埼玉県を中心に栽培されている。「青（葉）ネギ」は京都府、大阪府、香川県などを中心に栽培されている。在来品種は、千住群、九条群、加賀群に大別されている。

1) ネギの種類

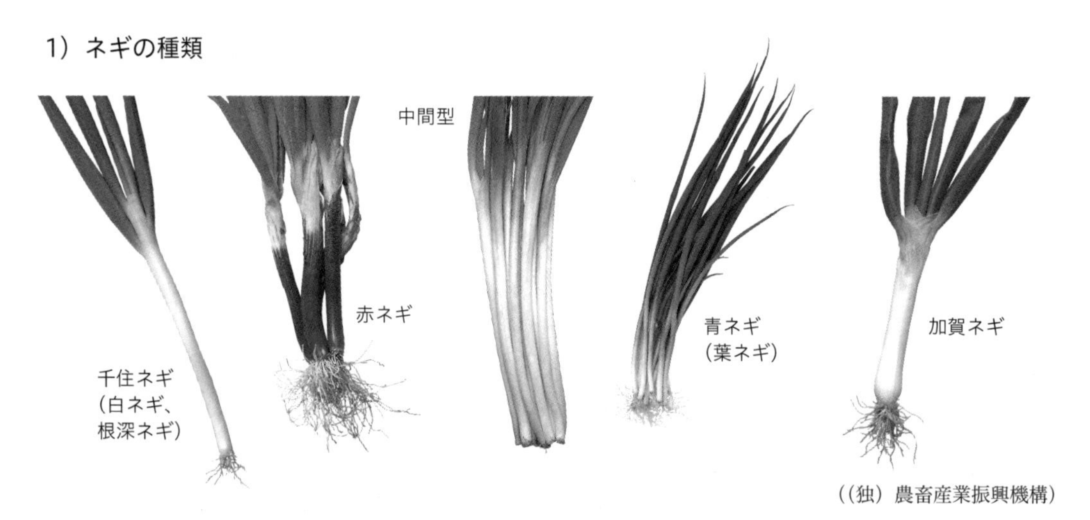

（（独）農畜産業振興機構）

図4-67 ネギの種類

2) ネギの主要産地

ネギの令和3年の作付面積は2万1,800ha、出荷量は36万4,700tである。主要産地は千葉県、茨城県、埼玉県、北海道、大分県、群馬県である。

表4-18 ネギの主要産地（令和３年）

順位	産地	作付面積（ha）	10a当たり収量（kg）	収穫量（t）	出荷量（t）
1	千葉県	2,020	2,590	52,300	47,500
2	茨城県	1,990	2,620	52,200	45,600
3	埼玉県	2,150	2,440	52,400	43,900
4	北海道	654	3,300	21,600	20,400
5	大分県	983	1,660	16,300	14,900
6	群馬県	966	1,900	18,400	14,100
全国合計		21,800	2,020	440,400	364,700

（『野菜生産出荷統計』農林水産省、2021）

(2) ネギ栽培の基礎

ネギはヒガンバナ科（以前はユリ科）の宿根性多年生で通常は種子繁殖する。生育期間は根深ネギで5～12カ月、葉ネギで4～6カ月と長い。光飽和点も低く弱光の冬季栽培や密植栽培も可能である。乾燥にも強いが過湿や酸性土壌には弱い。施肥効果は高いので元肥のほか土寄せ時に追肥することは効果的である。

花芽分化は緑植物春化型で、葉しょうの太さが5～6mm以上に生育し株が低温短日条件で発生する。春まき栽培で冬期間収穫しないと1月に花芽分化し、3月に抽苔（ちゅうだい）するので商品にならない。

ネギの葉は、葉身部と葉しょう部からなり、根深ネギは葉しょう部分に土寄せをして軟白したもので、白い葉しょう部を食用とする。葉ネギは土寄せをしないので葉しょう部が短く、緑の葉身部を食用とする。

根深ネギは葉しょう部が大事なので20日程度ごとに土寄せするが、最初は軽くして徐々に土の量を増やして最後は30㎝程度まで盛り上げる。葉ネギは3㎝程度とする。

ネギの主要な病原はべと病、さび病、害虫にはスリップス（アザミウマ）、アブラムシなどがある。

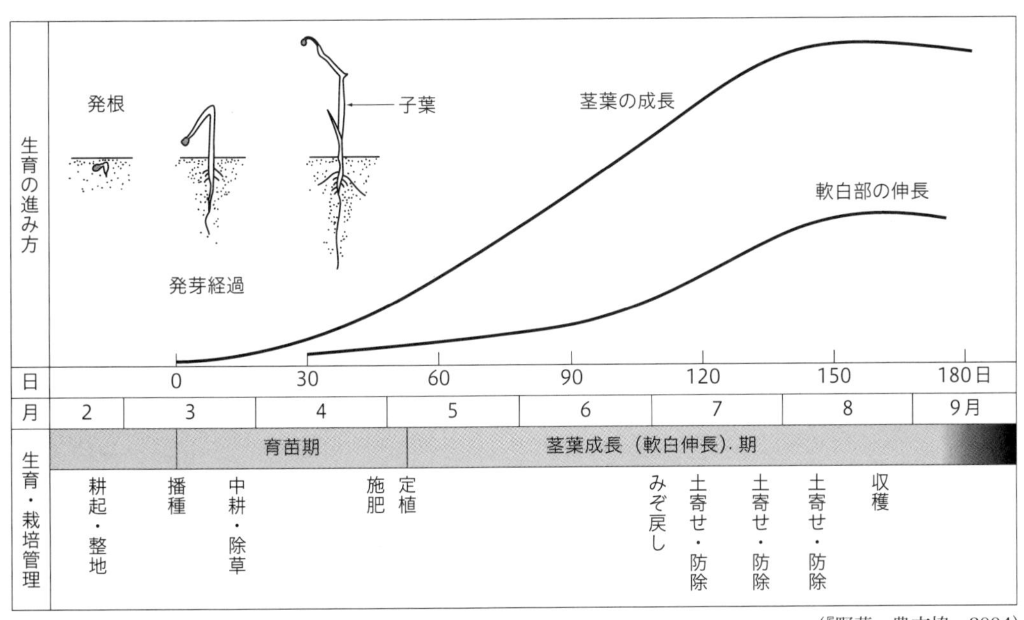

（『野菜』農文協、2004）

図4-68　ネギの生育経過（根深ネギの例）

◆例題◆

ネギの栽培に関する記述として、最も適切なものを選びなさい。

① ネギは過湿よりも乾燥に弱いので、高温期には定期的にかん水を行う。
② 土寄せはネギにとって負担の大きな作業であるため、十分に間隔を空け、数回に分けて行う。
③ 土寄せ量が軟白長の確保につながるため、高温期であっても計画的に追肥・土寄せを行う。
④ 軟白長は土寄せ量が多いほど長くなるため、常に土寄せの位置がネギの襟首以上となるよう、しっかりと土寄せを行う。
⑤ 春になり長日条件下になると花芽が分化するので、春どり・初夏どりの作型では品種の選定に気を付ける。

正解 ②

◆例題◆

ネギ栽培について、最も適切なものを選びなさい。

① 軟白した葉しょう部を食用とする「根深ネギ」と、緑の葉身部を食用とする「葉ネギ」に大別される。
② 低温に弱く0℃を下回ると枯死する。
③ 葉や葉しょうを食用とし、茎は存在しない。
④ ネギは酸性土壌には強い。
⑤ 九条ネギなど西日本のネギも休眠する。

正解 ①

◆例題◆

次の文章は、ネギの生育特性について説明している。（ ）に入る語句の組み合わせとして、最も適切なものを選びなさい。

「ネギは（A）で、（B）（C）条件で花芽分化する。」

	(A)	(B)	(C)
①	緑植物春化型	高温	短日
②	緑植物春化型	低温	短日
③	種子春化型	低温	長日
④	種子春化型	高温	長日
⑤	種子春化型	低温	短日

正解 ②

16. タマネギ

(1) タマネギの種類と生産状況

1) タマネギの種類

国内で栽培されているタマネギは大部分が黄タマネギで、辛味と貯蔵性がある。温度と日照時間の関係で北海道では春に播種して秋に収穫する作型となる。一方、本州では秋に播種して春から初夏にかけて収穫する。北海道産は水分も少なく貯蔵性に富むが、府県産のものは甘味があるが水分も多く貯蔵性は劣る。

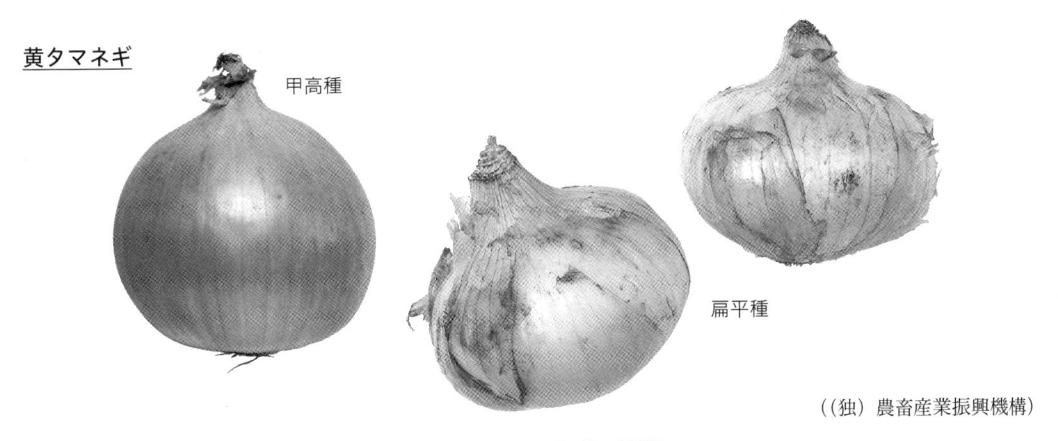

((独) 農畜産業振興機構)

図4-69 タマネギの種類

2) タマネギの主要産地

タマネギの令和3年の作付面積は2万5,500ha、出荷量は99万2,900tである。主産地は北海道が全国の6割を占め、以下、佐賀県、兵庫県、長崎県、愛知県である。

表4-19 タマネギの主要産地（令和3年）

順位	産地	作付面積（ha）	10a当たり収量（kg）	収穫量（t）	出荷量（t）
1	北海道	14,600	4,560	665,800	627,700
2	佐賀県	2,100	4,800	100,800	93,600
3	兵庫県	1,650	6,070	100,200	91,400
4	長崎県	803	4,060	32,600	29,500
5	愛知県	500	5,380	26,900	24,700
全国合計		25,500	4,300	1,096,000	992,900

(『野菜生産出荷統計』農林水産省、2022)

(2) タマネギ栽培の特徴

タマネギはヒガンバナ科（以前はユリ科）で弱い光でも育つが、酸性土壌や根が浅く張るため乾燥には弱い。葉しょうが10℃以下の低温に30日以上あうと花芽分化を起こす緑植物春化型野菜である。タマネギの球全体をりん茎といい、球の成長には長日（早生品種は12時間以上、晩生品種は14時間以上）と15〜25℃の温度が必要である。秋まきの場合、11月に植え付けて5〜6月に収穫する。一般に、球が十分肥大して、地上部が80％以上倒伏したら収穫する。

作型は秋まき春どり栽培は北海道以外の一般的作型で、春まき秋どり（9〜10月）は北海道での作型である。セット栽培とは2月に播種して5月に子球（オニオンセット）を収穫し、9〜10月に植え付け12月に収穫する作型。秋まき栽培では適期より早くまくと大苗になり過ぎて抽苔（ちゅうだい）（とう立ち）・分球しやすくなる。

病害虫はべと病、腐敗病、ネギアザミウマ（スリップス）などである。一般に晩生種は貯蔵性が強く、早生種は貯蔵性が弱い。

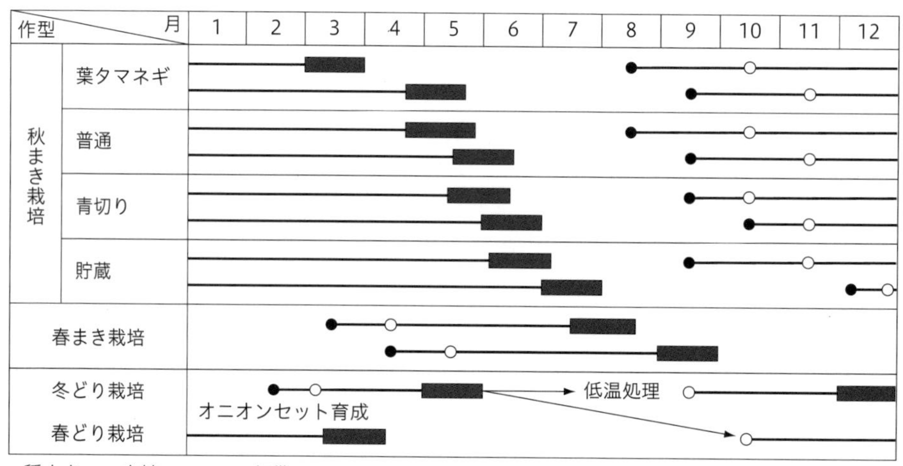

注　春まき栽培：夏が冷涼な北海道の中心的な作型で、晩抽性で、長日・高温期に肥大のよい品種が適する。

秋まき栽培：畑で越冬可能な地帯で行われる作型で、普通栽培のほか、次のようなタイプがある。貯蔵栽培＝貯蔵後に出荷する。ほう芽の遅い晩生種が適する。青切り栽培＝球の肥大が進んだものを早めに収穫し、首部を切って出荷する。早生品種が適する。葉タマネギ栽培＝球がやや肥大したものを収穫し、葉つきで出荷する。極早生〜早生種が適する。

（『野菜』農文協、2004）

図4-70　タマネギの作型と主な栽培管理

◆例題◆

秋まきタマネギのとう立ちを防ぐ栽培管理として、最も適切なものを選びなさい。

① 品種、地域に合った時期に播種し、むやみに播種を早めない。
② できる限り早く定植し、株を大きく育てる。
③ 春になり暖かくなってから、追肥を行う。
④ 球の肥大を促すため、収穫直前まで追肥を行う。
⑤ 地上部の倒伏後は、速やかに収穫を行う。

正解 ①

◆例題◆

タマネギの肥大開始に影響を与える環境要因の組み合わせとして、最も適切なものを選びなさい。

① 日長（短日）・気温（高温）
② 日長（短日）・気温（低温）
③ 日長（長日）・気温（高温）
④ 日長（長日）・気温（低温）
⑤ 栄養条件

正解 ③

◆例題◆

写真の収穫前の秋まきタマネギが倒伏している説明として、最も適切なものを選びなさい。

① 生育当初から倒伏し生育する品種であるため。
② 強い風や雨により地上部が倒されたため
③ 地上部を倒す害虫の食害を受けたため。
④ 地上部が倒れる病気に罹患したため。
⑤ 球の肥大とともに葉しょう部が空洞になり、葉を支えられなくなったため。

正解 ⑤

17. スイートコーン

第3章「作物」の3.トウモロコシ（スイートコーン）を参照

○スイートコーンの生産状況

スイートコーンの令和3年の生産は北海道が全国の約4割を占めており、以下、千葉県、茨城県、群馬県、山梨県など関東地方の産地が多い。

表4-20 スイートコーンの主要産地（令和３年）

順位	産地	作付面積（ha）	10a当たり収量（kg）	収穫量（t）	出荷量（t）
1	北海道	7,210	1,120	80,800	77,600
2	千葉県	1,680	1,020	17,100	14,100
3	茨城県	1,320	1,130	14,900	11,500
4	群馬県	1,180	1,050	12,400	10,200
5	山梨県	728	1,230	8,950	7,610
全国合計		21,500	1,020	218,800	178,400

（『野菜生産出荷統計』農林水産省、2022）

◆例題◆

スイートコーンは写真のように、1条ではなく複数条で植えられることが多い。その理由として、最も適切なものを選びなさい。

① 栽植密度が高くなり、播種効率が高くなるため。
② いざというとき、お互いにもたれ合えるので倒伏しにくいため。
③ 栽植密度が高くなり、樹勢が抑えられ草丈が高くなりにくく管理がしやすいため。
④ 花粉が雌穂によく着くようになり、着粒が良くなるため。
⑤ 植生が大きな塊となり、獣害を受けにくくなるため。

正解 ④

◆例題◆

スイートコーンの記述として、最も適切なものを選びなさい。

① 雌雄異花で、受粉は昆虫が媒介する。
② 雄穂と雌穂は同時に開花する。
③ 食用とする粒（子実）は種子ではなく果実にあたる。
④ 絹糸の寿命は、花粉の寿命より短い。
⑤ 現在の主流品種はｓｕ遺伝子からなる普通型スイート種である。

正解 ③

18. アスパラガス

(1) アスパラガスの種類と生産状況

1) アスパラガスの種類

アスパラガスの生産は地上に伸びた緑の若茎を収穫するグリーンアスパラガスが消費量の9割を占めている。アスパラガスは収穫時に急激な成長をする。栽培期間が3～10年と長いのも特徴である。

2) アスパラガスの主要産地

表4-21 アスパラガスの主要産地（令和3年）

順位	産地	作付面積（ha）	10a当たり収量（kg）	収穫量（t）	出荷量（t）
1	北海道	1,060	276	2,930	2,670
2	佐賀県	120	2,100	2,520	2,350
3	熊本県	100	2,360	2,360	2,210
4	長崎県	108	1,700	1,840	1,760
5	福岡県	88	2,160	1,900	1,750
全国合計		4,500	560	25,200	22,400

（『野菜生産出荷統計』農林水産省、2022）

(2) アスパラガス栽培の特徴

アスパラガスはキジカクシ科（以前はユリ科）の宿根性草本で、毎年、地下茎から萌芽する多数の若茎（シュート）を利用し8～15年間収穫する。原産地はヨーロッパからロシア南部とされている。地上部は耐暑性があり、地下部は耐寒性が強いので寒冷地でも栽培が可能である。雌雄異株で地上部は枯れるが、根の貯蔵根に蓄積された光合成産物は翌春のほう芽に用いられる。

野菜としてのグリーンアスパラガスとホワイトアスパラガスの違いは、ほう芽にあたって盛り土をするかどうかの違いである。春に収穫して晩秋に茎葉が黄化したら地際部から刈り取り、病害予防のために焼却する。

◆例題◆

アスパラガスを春と秋の２期に収穫するハウス抑制栽培において、秋の収穫後の管理方法として、最も適切なものを選びなさい。

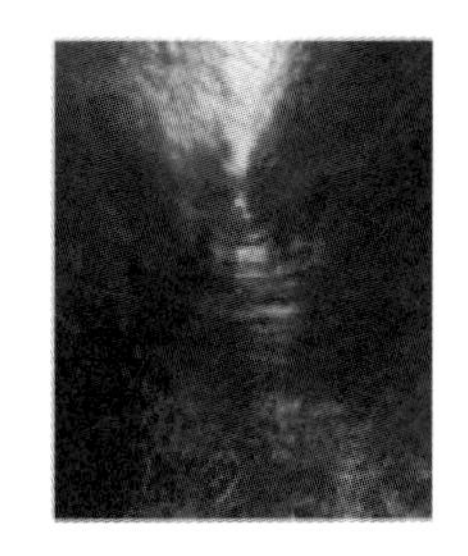

① 低温になると休眠するので、茎葉が枯れてきたら刈り取り、茎枯病予防のため茎葉はハウス外へ運び出す。
② 0℃以下の気温になると根が枯死してしまうので、寒冷地での栽培はできない。
③ 秋の収穫が終わったら地下茎は掘り起こして貯蔵し、春にすき込む。
④ 春どりが終了したら、直ちに茎葉を除去して来春の出芽を待つ。
⑤ アスパラガスは多年生草本で２～３年栽培できる。

正解 ④

編集後記

日本農業技術検定は2007年（平成19年）に3級検定から始まり、現在は2級から1級まであるが、3級は農作業の意味がわかる4教科の基礎レベルで受験層は農業高等学校の生徒が主体であり、文部科学省検定教科書が発行されていることから、これに準拠したものが出題され、結果として合格率も約7割弱と比較的高い。

一方、2級試験は選択科目が6教科（作物・野菜・花き・果樹・畜産・食品）と専門性が高く、受験層は道府県の農業大学校生、4年制農学系大学生、JA関係者が主体となり、出題範囲は農業高校教科書のほか生産現場の抱える技術課題なども対象となっている。その結果、合格率は約2割水準しかなく、これまで多くの受験者から2級を受験する場合の参考図書や勉強方法の手がかりが少ないなどの意見が寄せられていた。

このため、本検定協会としてはこの度、約10年前にすでに発行していた「日本農業技術検定　2級テキスト」を全面的に改訂して、最近における実際に出題された2級試験問題も考慮しながらより2級検定試験に取り組みやすく、効率的に勉強できることを目的に本テキストを発行することとした。

現在、日本農業技術検定試験はまだ国家資格とはなっていないが、農業を体系的に勉強する全国的な取り組み手段としては、ほかにはないと自負しており、その証拠に毎年2万人を超える多数の受験者が農業の勉強の手段として自主的に取り組み、これまで全国で約37万人余の受験者がある。

農業が生業から国際競争力のある成長産業になるには、それを担う人材には然るべき専門性や能力が問われるので、本検定が評価される時が必ず来るものと考える。農業の勉強・研究は社会人になってからもずっと続く。検定はそのきっかけに過ぎないが、少しでもお役に立てれば幸いである。

令和6年水無月

日本農業技術検定協会事務局

参考文献（2級テキストⅠ・Ⅱ共通）

赤井重恭 他『植物病理学』朝倉書店、1960
前田正男・松尾嘉郎『図解土壌の基礎知識』農山漁村文化協会、1974
田先威和夫・山田行雄 他『新編 養鶏ハンドブック』養賢堂、1982
高野泰吉・今西英雄 他『朝日園芸百科10』朝日新聞社、1985
塚本洋太郎『花卉総論』養賢堂、1985
坪井八十二・久保祐雄 他『農業気象学』養賢堂、1990
岩田進午『土のはたらき』家の光協会、1991
鶴島久男『新編花卉園芸ハンドブック』養賢堂、1994
江原淑夫・土崎常男 他『総説植物病理学』養賢堂、1994
丹羽太左衛門 他『養豚ハンドブック』養賢堂、1994
寺島福秋・左久 他『動物栄養学』朝倉書店、1995
畜産大事典編集委員会編『新編畜産大事典』養賢堂、1996
今西英雄『花卉園芸学』川島書店、2000
島田清司・高坂哲也 他『動物生殖学』朝倉書店、2003
生井兵治 他『農業科学基礎』農山漁村文化協会、2003
樋口春三・藤田政良 他『草花』農山漁村文化協会、2003
杉浦明 他『果樹』農山漁村文化協会、2004
小清水正美『食品加工シリーズ8ジャム』農山漁村文化協会、2004
七戸長生 他『農業経営』農山漁村文化協会、2004
堀江武 他『作物』農山漁村文化協会、2004
池田英男 他『野菜』農山漁村文化協会、2004
木谷収 他『農業機械』実教出版、2004
阿部亮・久米新一 他『畜産』農山漁村文化協会、2005
藍房和 他『農業機械』農山漁村文化協会、2005
酪農ヘルパー全国協会『新しい酪農技術の基礎と実際（基礎編）』農山漁村文化協会、2009
酪農ヘルパー全国協会『新しい酪農技術の基礎と実際（実技編）』農山漁村文化協会、2009
塩谷哲夫 他『農業科学基礎新訂版』実教出版、2011
松本信二 他『食品製造』実教出版、2011
伊東正 他『野菜』実教出版、2011
全国農業高等学校長協会『日本農業技術検定傾向と対策』全国農業高等学校長協会、2012
塩谷哲夫 他『農業と環境』実教出版、2013
古在豊樹 他『農業と環境』農山漁村文化協会、2013
後藤雄佐・新田洋司 他『農学基礎シリーズ作物学の基礎Ⅰ食用作物』農山漁村文化協会 、2013
大泉一貫 他『農業経営』実教出版、2014
後藤雄佐 他「作物の基礎Ⅰ農学基礎シリーズ」農山漁村文化協会、2016
篠原温 他「野菜園芸学の基礎農学基礎シリーズ」農山漁村文化協会、2014
腰岡政二 他「花卉園芸学の基礎農学基礎シリーズ」農山漁村文化協会、2015
伴野潔 他「果樹園芸学の基礎農学基礎シリーズ」農山漁村文化協会、2013
農畜産業振興機構「野菜ブック」農畜産業振興機構、2019
改訂新版「日本農業技術検定3級テキスト」全国農業高等学校長協会、2020
文部科学省検定教科書「農業と環境、作物、野菜、草花、果樹、畜産、食品製造」
農林水産省編「食料・農業・農村白書」
日本農業技術検定「2級 過去問題集」日本農業技術検定協会

編集委員〔敬省略・五十音順〕（2級テキストⅠ・Ⅱ共通）

安孫子 裕樹／荒畑 直希／五十嵐 正裕／石田 康幸／大橋 幸男／風間 龍夫／
北原 千歳／木之下 明弘／小清水 正美／佐々木 正剛／佐瀬 善浩／佐藤 崇／
佐藤 展之／高橋 和彦／田島 慎吾／田中 修作／筑井 秀之／中井 俊明／
中尾 徹也／橋本 夏奈／馬場 三佳／平澤 朋美／牧田 好髙

編集協力（2級テキストⅠ・Ⅱ共通）

全国農業高等学校長協会

写真協力（2級テキストⅠ・Ⅱ共通）

（一社）農山漁村文化協会
（独）農畜産業振興機構

改訂新版 日本農業技術検定２級テキストⅠ　科目：作物・野菜

2024年6月17日　第1刷発行

編集　日本農業技術検定協会

発行　全国農業委員会ネットワーク機構
一般社団法人 全国農業会議所（検定協会事務局）
〒102-0084 東京都千代田区二番町9-8 中央労働基準協会ビル
TEL 03-6910-1126

製作　株式会社 農文協プロダクション

印刷　株式会社 丸井工文社

※本の注文は、最寄りの都道府県農業会議、または全国農業図書ホームページ（https://www.nca.or.jp/）やAmazonよりお申し込みください。

ISBN978-4-911049-44-0